ネコが長生きする処方箋

専門医が教える本当の健康と幸せ

南部美香 著

はじめに

ネコの医食住

この本を手に取られた方にとって、ネコはかけがえのない存在であることと思います。

「ネコが好きです」とかというレベルではなく、生きてゆく上で必要な存在であることに気がついているはずです。しかし、ネコという生き物をよく知っているかと聞かれると、どうでしょうか。

ネコはとても身近な存在なのに、謎に包まれた生き物なのです。

よく知っているはずの皆さんの飼いネコですら、時には理解のできない行動をとったりして驚かされることがあると思います。私もネコを専門に診る獣医師として長く臨床に携ってきましたが、次第によく理解できるようになるどころか、時間が経つにつれて、ネコへの疑問が増えてきています。

ネコの病気と対峙するたびに、「ネコという生き物を実はあまり知らない」自分に気がつき、憤慨することすらあります。そして、いつの間にか、ネコに対する疑問を解くことが自分の人生の目標となっています。

この本では、その疑問の答えを明らかにしてゆく過程を示しながら、その答えが私たちに何を警告しているのかを考察したいと思います。

私は獣医ですので、病気に対する項目が多くなりますが、それだけにとどまらず、ネコや私たちを取り巻く環境についても考えていきます。また、経済社会の中でネコがどのような存在になり、どのような影響を受け、また影響を与えているのかについても書いていきます。

この本を読み終えて皆さんは、ある衝撃を受けることになると思います。

その衝撃は私が受けたものと同質であり、その「心の痛さ」は過去への反省に繋がることでしょう。どんな真実があろうとも、それに気がついたのなら新しい道を前に進むしかないと思います。なぜなら、心が受けた「痛み」は自ら導いたものであり、上質であると思うからです。

私は、今までにも「ネコの医食住」をテーマに文章を書いたり、講演をしたりしてきました。ネコの医学を語る上でどうしても、食事と環境は切り離せないからです。

この本も「病気」と「食事」「環境」という3本の項目を柱として、「比較」という手法も使い、「ネコはどんな動物なのか」という、簡単そうでとても難解な問題の答えを浮き彫りにしていきたいと思います。

この本の考察を読んでいただくと、ネコが私たち人類とどのようにして関わり、過ごして来たか、そしてこれから数々の困難をどう乗り切ればいいのか、そのヒントになると思っています。

2021年5月
獣医師　南部美香

※この書籍は、「ネコの真実」（2015年、中日新聞社刊）の姉妹編です。内容を一新する一方で、「ネコの真実」と同じ、松實俊子&キムラシュオリがイラストを担当しています。

INDEX

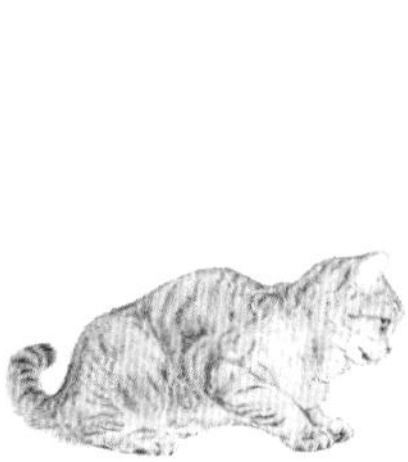

第3章 ネコの環境 103

Introduction

Illustrated by Toshiko Matsumi

病気を治すことだけが
医学ではありません。
原因を探し未然に防ぐことが
真の目的なのです。

―第1章 ネコの病気―

食を楽しむ習慣は人に与えられた特権です。
ネコの食事は命のリレーであり
生きるための儀式です。

―第2章 ネコの食事―

ネコをネコらしく
生かせる環境こそが、
人間にとって
最適な環境であると
気づくのが
遠い未来でなければ
よいのに。

―第3章 ネコの環境―

何かと比較することで、
そのものの本来の姿が
見える時があります。

―第4章 比較してディープに知る―

これからの未来、ネコと人間が
別々の道を歩むことには、ならないでしょう。
過去にこの二つの種族が
支え合ってきた歴史を知れば
自然とわかることです。

―第5章 ネコと人、これまでとこれから―

ネコはハンターです。
獲物はデリバリーではやってこないはずなのに。

ネコは本来、
〝ディスタンス〟を取る生き物です。
それができたらコロナウィルスも、
こんなに広がることはなかったのに。

第1章 ネコの病気

伝染病 01

ネコのコロナウイルス

米国で一時期、ネコのコロナのクラスター（感染集団）が出ていました。

今、世界で流行している新型コロナウイルス（ＣＯＶＩＤ－19）は、主に発症したヒトからヒトへの飛沫や接触で感染します。今のところ、ヒトから犬、ネコなど動物への感染はわずかな数で、逆にペットからヒトへの感染の報告はありません（注）。

ネコのコロナとは、ネコにしか感染しないコロナウイルスが原因で、ネコ特有の伝染病です。

下痢を起こす「腸コロナウイルス」と、猫伝染性腹膜炎（ＦＩＰ）を起こす「ＦＩＰウイルス」の2種類が、ネコのコロナウイルスと考えられていました。

この2つのコロナの予後は非常に対照的です。腸コロナは弱いウイルスで一過性の下痢を起こすものの、ごく軽い症状で、治療しなくても自然に治るとされています。

一方、FIPウイルスは発症して猫伝染性腹膜炎になったらほぼ100％死亡する伝染病で、「治療法はない」と考えられています。1歳未満のネコに多く見られ、特に生後3、4カ月ぐらいの子ネコが発症し、数週間から数カ月で死に至ります。

長い間、臨床の現場では、この2つのウイルスは別なものであるという認識だったのですが、研究の結果、遺伝子のアミノ酸配列にわずかな違いがあるだけということが判明し、現在の認識では同一のものとされています。

コロナに関して完全なワクチンがいまだにないことも、このウイルスの正体が曖昧であったことを示していると思います。

米国には「点鼻ワクチン」というネコの鼻の穴にワクチンを垂らすコロナワクチンがありましたが、その効果は不確かでした。

私が米国カリフォルニア州アーバインにいた時代（1990年代）に、ネコのコロナはブリーダー（繁殖家）の間で大きな問題として噴出していました。コンベンションホールでキャットショーも開催されていましたが、ブリーダーのキャテリー（飼育場）から猫伝染性腹膜炎（FIP）が出た場合、そのキャテリーをどう扱うのがよいか、獣医も交えて侃々諤々《かんかんがくがく》の論争が沸き起こっていました。

疫学の立場から言えば、「そのキャテリーを閉鎖するべきである」。つまりキャテリーのネコを出し入れしないことでウイルス自体をそこに封じ込めるという考え方です。今でいうところのロックダウン（封鎖）です。

確かに、キャテリー出身のネコが猫伝染性腹膜炎を発症するコロナウイルスを持っていて、あちこちのキャテリーを回れば汚染が無限に広がることになります。とはいえ、ロックダウンしてしまうとせっかくの流通系統が使えなくなり、また初めからやり直さなくてはなりません。これは経済的損失が大きく、選択することは容易ではありません。

ただブリーダーとしては、自分のキャテリーからＦＩＰウイルスに感染したネコが出ることは不名誉なことで、それが原因で汚染が広がるとなると、米国のネコ繁殖家自体が壊滅してしまう可能性すらあります。

結局のところ、ブリーダーは獣医の意見を取り入れ、汚染の可能性のあるキャ

テリーのロックダウンを行うことでコロナを締め出すことに成功しました。

この作戦が成功した要因は、獣医側がブリーダーのプライドをうまく利用したことだと思っています。ネコのブリーディング（繁殖）は、英国ビクトリア時代の新興貴族の趣味を現代に謳歌《おうか》する人たちの楽しみなので、プライド高いブリーダーは伝染病の蔓延《まんえん》という不名誉を嫌ったのです。

米国では、ネコを飼いたい場合、人工繁殖させたブリードキャットをブリーダーから買ってくるのは一般的ではなく、アニマルシェルター（動物の保護施設）から譲り受けるのが普通のこととして認識されています。米国人のプライドは移民と独立、開拓で形成されており、貴族のプライドではないという人が中流階級には多いのです。

アーバインのキャットホスピタルに連れてこられていたネコも、そんなシェルター出身のネコばかりで品種ネコは年に2、3匹程度でした。

それではそういうシェルター経由のネコにも猫伝染性腹膜炎（FIP）が多発したかというと、そんなことはまるでありません。米国のネコのコロナはブリードキャットというビクトリア時代を蘇らせた小さな空間で起こったクラスターだったのです。
※注　2021年5月10日現在の厚生労働省ホームページ掲載の情報から

伝染病 02

ネココロナ、日本の現状

20年ぐらい前、人工繁殖された「ブリードキャット」が少しだけでまだ珍しい存在だったころ、ネコのコロナウイルスは、ブリーダー（繁殖家）のキャテリー（繁殖場）から発生するブリードキャットだけの問題でした。

しばらくすると、ペットショップでのネコの販売が増えて一時は猫伝染性腹膜炎（FIP）もずいぶん発生したのですが、最近は、購入時に損害保険がついていて、そのような病気が出ればペットショップが新しいネコに取り替えてくれるので、獣医がFIP患者のネコを最期まで診る機会はずいぶん減りました。

買ってきたネコが発病して若くして死ぬ。でも拾ってきたネコは大丈夫。そんなイメージだったのです。

ところが、里親募集でもらってくるネコにもこの病気がよく見られるようになったのです。猫伝染性腹膜炎を起こすFIP、つまりコロナウイルスを持ったネコが、一時的にでも施設に収容されると、糞便からコロナウイルスが感染して、かなりの高率で同居していたネコはコロナ陽性になります。

新しい飼い主の手に渡る時期に避妊去勢手術を受けることが多く、その後さらに2カ月ぐらいで発病するパターンが多く見られました。

私はウイルスに感染している、一見元気そうなネコに手術というストレスがかかって、これが発病の引き金になったのではないかと考えています。

確かに、施設から連れられてきたばかりのネコは元気一杯でよく食べよく遊び、体重もぐんぐん増えて、どこにも問題などないように見えますが、コロナウイルスはネコの体の中で発病の機会をうかがっているのです。

私も何度か経験しました。子ネコはワクチンを打つために病院にやってきて、元気に帰っていくのですが、次に再会する時には、体重の減少といかにも体調の悪く見える毛並み、食欲不振に悩む飼い主の顔を見なくてはなりません。私は気の毒な子ネコを見て頭の中を横切る猫伝染性腹膜炎（ＦＩＰ）の診断を否定しようとするのですが、診察するに従って、事実はＦＩＰを肯定するものばかりになります。

飼い主にこの伝染病であることを告げる時は、この歳になっても獣医になったことを後悔します。「もっと楽しい仕事にすれば良かった」と。子ネコに死の宣告をするほどつらい仕事はないでしょう。

発病から死まで経過は1カ月から長くて2カ月。この時間は飼い主にも獣医にも、とてつもなく長く感じます。何か食べたと言っては喜び、食べなくなると心配する。この繰り返しが続き、ネコは短い生涯を終えます。

私は自分のネコを猫伝染性腹膜炎（ＦＩＰ）で亡くしたことはありませんが、何人ものその辛さを経験した飼い主を見ていますので自分の心も一緒に溶けそうになります。

そして溶けた心で毎回思うことは、この悲劇を繰り返さないためにコロナウイルスのない世界をネコのためにつくろうと誓うのです。

それは現在、人間を苦しめる新型コロナを世の中からなくしたいという世界共通の願いと同じです。まさか人間にもこんなことがあろうかとは思いもよらなかったのですが、ネコのコロナも新型コロナもこの世から追い出さなくてはなりません。

伝染病 03

腸コロナの重症化が猫伝染性腹膜炎（FIP）だった！

長年私を悩ませてきた猫伝染性腹膜炎（FIP）の症状と、人間の新型コロナウイルス（COVID-19）感染症の重症例には、何か共通する部分があるように感じています。人間の重症例が比較的速いスピードで進行するのに対して、ネコのFIPはゆっくり進行します。

ネコのFIPは発症から1カ月、遅くても2カ月で死に至るのですが、人間にしてみれば、進行が早いと思うことでしょう。「ゆっくり進行」と表現したのは、他の病気と違って、ガクンと症状が悪化することがない代わりに、グッと良くなることもない、なだらかな下り坂を下りてゆくイメージがあるからです。下りの坂道という自覚がないぐらいです。

発症年齢は1歳未満。私が経験している中で、1歳を過ぎてからの発症は1例だけです。

一方、人間の新型コロナの場合は、子供の重症例は少なく、高齢者が重症になるケースが多いとされています。

ここまでの話では、共通点よりも正反対のイメージを受けるネコと人間のコロナですが、共通する部分もあることに言及していきます。

ネコのコロナには、一過性の下痢を起こすだけで軽症の「腸コロナ」と、死亡率ほぼ100%の「FIP」の2種類があり、今までこの2つは別のコロナウイルスの病気だと考えられていましたが、実は同じコロナウイルスだということが分かってきました。

軽い下痢と死亡に至る状態は同じウイルスの起こす症状で、軽症例と重症例の違いだったのです。

つまり子ネコの体内に入ったコロナウイルスは、初めは腸粘膜で増殖し、軽い下痢などを起こしながら次第に全身へ移行し、ゆっくりと免疫反応が引き起こされ、血管内皮を損傷しながら不可逆的な全身症状へとなっていきます。そして最終的には死に至る過程をとるのです。

人間の新型コロナが流行《はや》る状況を観察しているうちに、同じウイルスの感染症でありながら、軽症と重症の差が激しい新型コロナが、ネコのコロナと重複して見えてきたのです。

コロナウイルスは、ワクチンの開発が難しいと言われています。

私も、ネコのコロナはつかみどころのない厄介なウイルスだと感じていましたが、この2つの病気が同じウイルスで起こり、経過の違いで重症化するということが分かれば、臨床の現場でやることは一つです。

すべての子ネコに、コロナの抗体検査もしくはPCR検査を実施して、まずは陰性と陽性に分けることです。新たに飼い始めた自分のネコがコロナウイルス陽性か陰性かを知ることは、飼い主にとって有益な情報となり、重症化を防ぐ手段になると考えるのです。

そして陽性の子ネコにはストレスを絶対にかけないこと。ストレスをかけると、FIPを発症してしまいます。そして、1歳になるまでは避妊も去勢もしないことです。

伝染病

04

懸命のコロナ治療と後遺症

14歳で慢性腎不全の末、尿毒症で亡くなった、私の患者ネコの「ツートン」の話です。ツートンは、料理人である中嶋シェフのうちのネコでした。

中嶋夫妻は、このツートンを保護団体から譲り受けたのですが、ツートンと共に、チャーちゃんというネコも同じ団体から譲り受けていました。

2匹が夫妻に迎えられ、幸せな生活を送っていたのも束の間。ツートンが生後4カ月ぐらいで、チャーちゃんは歯が生え替わっていたので6カ月は過ぎていたと思われます。チャーちゃんの元気と食欲が次第になくなり、お腹が大きくなってきました。

「あまり食べていないのに、太るなんておかしいなぁ」

心配になった妻の中嶋さんは動物病院にチャーちゃんを連れて行きましたが、そこでは「おしっこが溜まりすぎて出ない状態である」と診断され、カテーテルを入れて尿を抜くことになりました。

この処置に悲鳴をあげるチャーちゃんに心を痛める中嶋さんでしたが、お腹の大きさは変わらず、数日後に私の病院を訪れました。

チャーちゃんの体は痩せ、筋肉は落ちていますが、お腹はぷっくりとしています。腹水でした。もう食べることもままならない状態で、命は尽きようとしていました。

私は、コロナウィルスによる猫伝染性腹膜炎（ＦＩＰ）である可能性が高く、そうであれば残念ながら治療の甲斐もなく亡くなるであろうとお話ししました。

数日後にチャーちゃんは亡くなりました。

飼い主である中嶋さんが強い悲しみに打ちひしがれる中、私が考えたのは「残されたツートンがコロナウイルスに感染しているかもしれない」ということでした。

そしてツートンのコロナウイルスの抗体価を調べると、非常に高い値が出ました。これはツートンの体にコロナウイルスが入り込み、増えていて、免疫が反応して抗体を作り出していることを意味します。

ツートンは軽い下痢を繰り返していましたが、元気な様子で、猫伝染性腹膜炎の兆候は見えませんでした。

本来ならネコ自身の免疫がコロナに打ち勝って、抗体価も下がり、回復するという経過をたどるはずですが、ツートンまで猫伝染性腹膜炎を発病してしまうことはどうしても避けなくてはなりません。

そこで、インターフェロン療法を始めることにしました。

この頃は、まだネコのコロナウイルス感染症については、わからないことが多く、抗体

検査も、無害なものも含めてネコにある全てのコロナウイルスに反応するものと考えられていましたし、軽い下痢を起こす腸コロナウイルスと、死亡率ほぼ100%の猫伝染性腹膜炎を起こすFIPウイルスは、別なものだと考えられていました。

現在、感染が拡大しているヒトの新型コロナウイルス（COVID-19）も、無症状の人から重症化して死亡する例まであります。そして、新型コロナウイルスが人の体の中で何を起こすのか、無症状や軽傷の人にもウイルスが去った後、どのような後遺症を残すのかがわかってきています。ネコのコロナウイルスの場合も、コロナウイルス感染症の重症例が、猫伝染性腹膜炎（FIP）と呼んでいた病気だということが、現在では証明されています。

治療後のツートンは、お腹の弱いネコで、調子が悪いと下痢をすることも多く、中嶋夫妻はことのほか細やかに面倒を見ていました。シェフというお仕事柄、食事にも気をつかい、鶏肉などのタンパク質を消化の良いように調理して食べさせるようにしていました。

毎晩、帰宅が遅くなる中嶋シェフを待ち、一緒に寝ることを楽しみにしていたツートンは、最初に書いたように14歳で慢性腎不全の末の尿毒症で亡くなり、ネコとしては平均的な生涯の時間を過ごせました。そのことは良かったと思いますが、今となっては、あの時のコロナウイルスが腎臓の血管に与えたダメージを考えずにはいられません。

コロナウイルスがいかに厄介で恐ろしいものであるかは、もう何年も前からネコの世界ではわかっていたはずなのですが、世の中はそれを受け入れることに躊躇《ちゅうちょ》していました。

事実を直視することが、時には円滑な経済や人間関係を妨げることもあります。事実を事実として受け止める勇気が必要であると教えてくれる存在がコロナウイルスだとしたら、これほど皮肉なことはありません。

伝染病
05

トイレは感染防止の要《かなめ》

人間のトイレは「水洗」が当たり前で、臭くて暗い「汲《く》み取り式」は見たこともない、という人が多くなっているのではないでしょうか。

日本はトイレが綺麗《きれい》だということで、世界中から絶賛されていますが、確かに海外に出るとそれを痛感します。お尻を温水で洗う装置も日本発のものですし、日本のトイレ文化は、世界でも群を抜いているようです。

トイレが綺麗《きれい》なことは、精神面だけのメリットではなく、公衆衛生の面からもとても重要です。糞便から感染する伝染病があるからです。腸チフス、コレラ、赤痢、病原性大腸菌O157などで、集団発生して街が滅ぶ寸前になったケースもあるぐらい恐ろしい病気です。

ネコのコロナも糞便《ふんべん》から排出されて、容易に同居のネコに感染します。ネコ同士の直接の接触がなくても、糞を処置した器具や手などに付着して感染してしまうので、消毒や洗浄が不可欠です。そもそもネコのトイレは、複数で共有することになり、感染防止のためには、1匹ずつ隔離して、それぞれのトイレを用意するしかありません。

しかしそれでは複数飼っている意味がなくなりますので、自分の家のネコたちを一つのコロニー（集団）として考えて、コロナ陰性のコロニーを維持していく考え方でいいと思います。

飼いネコが自由に屋内外を行き来していた頃には、ネコのトイレというものはありま

せんでした。ネコたちは自分の糞便を隠すために、地面に穴を掘って埋めていました。いつも同じ場所というわけでもなく、なるべく目立たない所に静かに埋めて、自分の気配を消しておこうという習性からきている行動だったのです。

　このように、野外に出るネコの糞便が他のネコに触れる機会は少なく、コロナウイルスが伝搬《でんぱ》しにくい環境でした。ネコ同士のディスタンス（距離）も充分取れていますので、接触感染はあまり起こらないと思っています。

　ネコのコロナはやはり都市型の病気で、人間が閉鎖した空間にネコを集めたり、人為的なコロニーを作って、ネコに複数のコロニーを行き来させたりすることによって、パンデミック（感染爆発）が引き起こされます。

　今回の人間の新型コロナも、ある国から始まり、あっという間に世界に広がったのは、感染者を乗せた飛行機などが世界を行き来していたからなのでしょう。

　人間社会には共用のトイレも多く、排便する場所が同じになるので、広がるときには速いのだと思います。

　人間とネコを比べてみても分かるように、都市化された生活は

「密」を作ります。都会はどこに行っても人だらけ。新宿駅を一旦降りれば人の流れに飲み込まれます。都会人はその密を楽しんでいたし、密になることで孤独を癒していたのかもしれません。

ネコは孤独を愛する動物です。密にならなくても寂しくはならないのです。人為的な原因でコロナに罹患《りかん》させられていることを考えてほしいのです。

伝染病 06

奪われたコロナ警鐘の機会

これは私に起こった20年の間の話です。

ちょうど21世紀を迎えたとき、私は東京の三鷹の病院を閉じて、国立競技場が見える千駄ヶ谷に新たな病院を構えました。その前の年に初めて米国での体験を綴《つづ》った『わたしは猫の病院のお医者さん』(講談社)という本を出しました。ひっそりと病院を引っ越したので、本を読んだ人が来てくれるといいなと期待していたのですが、都心の病院に集まってきたのはブリードキャットばかりでした。当時はまだ品種を名乗るネコは珍しく、ペットショップで購入するより、ブリーダーから直接購入したという飼い主が多かったと思います。

米国時代には見たこともない、アビシニアン、スコティッシュフォールド、アメリカンショートヘアがやってきて、「東京の真ん中はすごいな」と実感しました。

三鷹では、ほとんどが品種ネコではない普通のドメスティックキャットでしたので、ある意味戸惑いもありましたが、これが時代の流れと受け入れていました。

本が出たことで何かと取材を受けるようになりました。ネコの専門雑誌や婦人雑誌のネコ特集、新聞のペット欄など、ネコの飼い方と病気の解説を書くように依頼されます。ネコが喉をゴロゴロ鳴らすことや爪のこと、食事の与え方などを主に書いていたように思います。執筆はそれでよかったのですが、診療の方ではブリーダーから購入された子ネコたちに異変が起きていました。

熱が出たり、食欲不振になったりして、体重が減っていったのです。成長期の子ネコで体重の減少は考えられません。いろいろ手を尽くしましたが、みんな死んでいったのです。原因はＦＩＰでした。

コロナウイルスの抗体価を測って診断しますが、確定診断には至りませんでした。症状を見ながら治療を続けましたが、発病したネコが助かることはありませんでした。

　子ネコの死に納得がいかない飼い主の依頼で、解剖して診断することもたびたびあり、ＦＩＰの恐ろしさを肉眼的にも体験しました。黄色の粘度の高い腹水に満たされたお腹の中には、無数の結節が腹壁や肝臓にできていて、その異常さに目を背けたくなりました。

　私は毎月ネコ雑誌に連載をしていたので、ある時、コロナウイルスとＦＩＰについて原稿を書いたのですが、新たにネコを買おうとする人の不安を煽《あお》る内容という理由で差し替えになったのです。

　米国の例に倣って、汚染されたキャテリー（飼育場）は閉じるべきだ、という主張もよくなかったようです。ネコ雑誌にもたくさんのブリーダー広告が載るようになって、ＦＩＰのことはタブーのような扱いになってしまいました。遺伝疾患のことも話せない状態になりました。

　ちょうどその頃、世間はネコブームの始まりだったようで、テレビなどのマスコミがブリードキャットの特集を組むようになっていました。

一方で、子ネコはＦＩＰで死んでいくことになり、怒った飼い主がブリーダーにクレームを入れ、ＦＩＰはブリーダーの責任だと詰め寄ることもありました。

私が子ネコの死因をコロナウイルスだと診断すると、それに対して文句を言ってくるブリーダーまでいて、子ネコを亡くした悲しみに加えて、人間がいがみ合う悲しみも味わわなくてはなりませんでした。

私は、ブリードキャットが病院に来ると、最初にコロナの話をしました。元気な子ネコにワクチンを打ちにきた飼い主は、なんて不吉なことを言う獣医だろうと思ったでしょう。それでも、抗体検査をして数値の高いネコにはインターフェロン療法をして、抗体価が下がるのを待ちました。それだけ気をつけていても発病したネコが2匹いて、そのうちチンチラの子は1歳の誕生日を迎えた頃に発病したのです。

テレビの番組にも何回か出ましたが、ブリードキャットを自慢する芸能人に付き合う獣医のように見えたことでしょう。それでもいつかコロナとＦＩＰについて発言できる機会が来れば、と機会をうかがっていたのですが、もはやテレビ番組に私の居場所はないと悟りました。

本も何冊か出して、実用書も作りましたが、私の真意は世に届いていないと感じています。でも長い時間を共有してきた患者ネコの飼い主に支えられている実感はあります。

コロナウイルスで愛猫を亡くした人も再びネコを飼い始めて共に歩いています。

コロナのないネコ社会を求めて20年が経ちましたが、世の中のネコがコロナを持っていて当たり前と思われる風潮の方が強くなっています。経済を優先する社会は今に始まったことではなかったのです。

伝染病 07

人もネコもかかる狂犬病

狂犬病は、世界では「レイビーズ」（Ｒａｂｉｅｓ）と呼ばれます。

狂牛病が「マッド・カウ・ディジーズ」と呼ばれますが、それと同じように「マッド・ドック・ディジーズ」とは呼ばれていないのには理由があるのですが、狂犬病を犬特有の病気だと思っている人が多いように思います。

確かに犬がかかるし、人間が噛《か》まれた場合の症状などでクローズアップされるのですが、

「レイビーズ」は全ての恒温動物（一定の体温を維持できる動物）が感染するウイルス病なのです。鳥もコウモリも牛も馬も罹患します。もちろん人もネコもかかるのです。

コロナウイルスのように、最初から「狂犬病」と言わずに、「レイビーズ」と呼べばよかったかもしれませんが、あの頃の映画の題名と同じで、日本人に分かりやすいように日本名をつけたようです。

映画『007　ドクター・ノオ』が、「007は殺しの番号」と邦訳されたように、より分かりやすいというか、説明的な名称にされたのです。

その名前のおかげで、「狂犬病」は、日本では犬の病気で、国は犬のために予防注射をしていると解釈してしまう人が大勢いて、その誤解を解こうとする人もいないという状況になっています。

人間がかかる病気なら、人間側がワクチンを打てばいいのでは、と思う人もいると思います。おっしゃる通りで、米国では動物に関わる仕事についている人はこのワクチンを接種しています。獣医師ももちろん打っています。

米国では、日本と同じように犬にワクチンを打つ義務があるし、州によってはネコにも打つ義務があります。アメリカ大陸の野生動物にはレイビーズ・ウイルスが潜んでいるので、気が抜けないのも事実です。

日本もイギリスも島国で、今のところレイビーズが清浄されているとされる国ですが、予防の仕方が異なっています。日本では犬にワクチンを打つことで、狂犬病の発生を予防しようとしていますが、イギリスではワクチンを犬には打ちません。水際でウイルスが入ってくるのを阻止する予防策をとっています。両国では長らく発生していませんので、どちらの予防策がベストなのか判断できませんが…。

今回の新型コロナでも、各国の対応はまちまちですが、島国は鎖国して行き来をなくすことができるので、予防対策で有利だと思います。

ワクチンを接種して、水際でもちゃんと阻止するやり方で二重にプロテクトできますが、気を緩めると危険です。人のやることには穴があるからです。ウイルスは条件さえそろえば確実に感染しますので、侮れないのです。

伝染病 08

伝染力が抜群に強いネコ伝染性鼻気管炎

ネコ伝染性鼻気管炎は、ネコの伝染病を代表すると言っていいほどよく知られていて、ワクチンによる予防法も確立されています。

原因となるウイルスは、ヘルペスウイルスで鼻の粘膜や結膜など温度の低い場所でよく増殖するため、鼻炎や結膜炎が起こります。その炎症の影響で、目が腫《は》れるし、鼻水が垂れたり詰まったりで、とてもかわいそうな様子になります。

特に子ネコが感染するとダメージが大きいです。鼻が利かなくなり、においが分からなくなることから食欲がなくなります。脱水症状も起きると、がっくり体力が落ちますので、引き続いて細菌の2次感染が起きると重篤な状態になってしまいます。

ウイルスそのものは、ネコを死に至らしめる力を持つほど強力ではありませんが、伝染力は抜群に強いのです。伝染力とはウイルスがネコからネコへうつっていく力で、新型コロナでよく使われるようになった「飛沫感染」や「エアロゾル感染」（空気中を漂う微粒子を介した感染）で容易にうつっていくのです。

同じ部屋で暮していれば確実にうつりますし、感染したネコを触った手で、他のネコを触っても感染します。

昭和の頃のネコたちは野外にいて、ネコ同士のディスタンスも保たれていたので、密になることはなかったのですが、現在のように、人間の作った環境に置かれる場合が多くなると、どんどんうつっていきます。

多頭飼いの家ネコや、ペットショップやペットホテル、動物病院の入院施設などでは、健康なネコでも容易に感染するのです。

そこでワクチンの重要性が出てきます。幸い良いワクチンがありますので、打ってさえいれば感染は防ぐことができます。昭和の頃、このワクチンはとても注目されていました。ネコを飼ったら「まずはワクチン」と言われていたのも、この病気がよく知られていたからです。「予防が第一」、とにかくワクチン接種が問題を解決する唯一の方法だと認識されていました。

昭和が終わってから、30年が経ちました。私のように都会の真ん中で診療する獣医は、この伝染病を診る機会はほとんどありません。一つにはワクチン接種の習慣が徹底したことと、ネコたちはマンション内で隔離されているので、ウイルスに感染しようがないのです。

都会でも外を歩いているネコをたまたま見かければ、「ひょっとして…」と思うこともありますが、そういうことはまずありません。

一つだけ、この病気についてのエピソードがあります。

マンションの10階でネコを4匹飼っている人がいました。ある時1匹が発病し、その後次々とうつって、4匹に目やにや鼻水の症状が出てきました。ネコは外出していなかったし、飼い主も伝染性鼻気管炎のネコと接したこともなかったのですが、明らかにこの伝染病だったのです。私の病院で治療し、1週間ほどでみんな回復しました。それでよかったのですが、どうやって感染したのかが分かりませんでした。

だいぶ後になって分かったのですが、そのお宅にはクリーニング屋さんが出入りしていて、返ってきた服の袋にいつもネコがスリスリしていたそうです。

そのクリーニング屋さんはネコ好きで、多数の外ネコに餌をあげて世話をしていたのですが、その時期、複数の外ネコが伝染性鼻気管炎にかかっていて、そういったネコにも

よく触っていたそうなのです。

つまり、感染ネコからウイルスが手について、返却の袋について、そしてマンションのネコに感染したというルートだったのです。

こういう感染経路を「接触感染」といいますが、このウイルスの感染力の強烈さがこんな例からも証明できます。

感染力の強いウイルスは接触感染ばかりではなく「空気感染」も起こします。ネコ伝染性鼻気管炎を起こすヘルペスウイルスもこの部類とされています。

空気感染は、同じ部屋にいたとか、ツバが飛ぶほどの近い距離だった、などというレベルではなく、どこからともなく、それこそ風に乗ってウイルスがやってきて罹患してしまうという、対処しようもない感染の仕方なのです。

人間の結核（細菌）がそうなのですが、空気を吸って生きている以上、防ぎきれるものではありません。だからこそ、ワクチンによる免疫がとても大切になるのです。

◆生活習慣病

生活
習慣病
01

ネコを苦しめる3つの「詰まり」

体内に管があって、その中を何かが滞りなく移動していることを「平常が保たれている」と定義する場合、その移動が妨げられると、「詰まった」と判断されます。何かが詰まってはならない管が塞がれると問題が起きます。それもただならぬ緊急を要する問題になります。

体において管の中を移動しているのは、「血液」「便」「尿」の3つです。血液が詰まれば「血栓症」、便が詰まれば「便秘症」、尿がつまれば「尿道閉鎖」。どのケースもその詰まりが解消しなければ、死亡することになります。

ネコの病気の大部分は医療によって解消することになるのですが、この3つだけは医療に頼ることなく、「日頃の生活でやるべきことをやって、駄目なことはしない」と決めて、予防策を講じることが最良の方法です。

「血栓」は血管の内側が傷ついて、そこに凝固反応が起きてできるものです。今医学の世界では、血管を正常に保つことが、健康に対する最良の方法と考えられています。すべての臓器は血管で維持されていて、血液の供給なくては細胞一つ一つが生きていけません。

血管の損傷を防ぐためには、血糖値スパイクを極力抑える必要があります。ネコの場合、「血糖値を上げる糖質を摂取しない」食生活が一番大切になります。

「便秘症」は、偶発的な事故的な詰まりではありません。日頃の食べ物の質など、生活環境全体の不備から起きる生活習慣病なのです。大量の便が詰まった「巨大結腸」になってしまうと取り返しがつきません。日頃からの管理がものをいいますので、油断しないように、生活環境に注意の目を向けてください。

「尿道閉鎖」は雄ネコに限った病気ですが、「待った！」が許されない状態なのです。尿道の結晶は、尿が強く濃縮されて出現するものですから、解決法は水分をたくさん取るということになります。

そして、この3つの「詰まり」に共通した解決方法は、「水分を充分に取りましょう」ということなのです。実に簡単なことにように聞こえるでしょうが、ネコに十分な水分を取らせるには、細かい工夫が必要で、日頃の食事に全てが託されていると言っても過言ではありません。

私は、３つの「詰まり」はネコ本来の病気ではないと考えています。本来食べるべきではない餌を摂取したことで起きた副作用のような病気と推測しています。

本来ネコに必要ない糖質が入っていて、大切な水が含まれていない、そして飼い主にとっては与えるのが容易で便利な食べ物が、ネコの主食になってから起きている「詰まる病気」なのです。ネコにとって本当に必要な食事を正しく理解すれば、起きることのない問題なのです。ネコに本当に必要な食事については次項や食事の章で書きますが、気がついた飼い主から、日々の生活で実行に移していってもらいたいです。

生活習慣病 02

雄ネコに見られる尿道閉鎖

ネコの尿道閉鎖は、雄だけに起きる、尿の中にできたごく小さい結晶と細胞成分がくっついて尿道を詰まらせる病気です。

人間でも男性に尿道閉鎖が起きますが、この場合、結晶ではなく膀胱にできた結石が尿道に落ちて引っかかるのです。

尿道閉鎖が起きると、ネコはとにかく尿意に苦しみます。おしっこをしたいと思うのですが、トイレで踏ん張っても、尿道が詰まっているので尿が出てきません。それでも腎臓はおしっこを作って膀胱に送り続けますので、膀胱はパンパンに膨れあがり、ネコは激痛を感じます。こうなると、抱き上げようとしても悲鳴を上げて嫌がるようになり、飼い主はただならぬ異常がネコに起きていることに気づきます。

獣医に連絡して、治療してもらうことになるのですが、尿道閉鎖の解除には、それなりのリスクを伴います。尿道にカテーテルを挿入して、詰まった部位の異物を物理的に取り除くのです。細い尿道を傷つけないように注意して処置をします。この処置が遅れれば、ネコは腎不全で死亡することもあります。

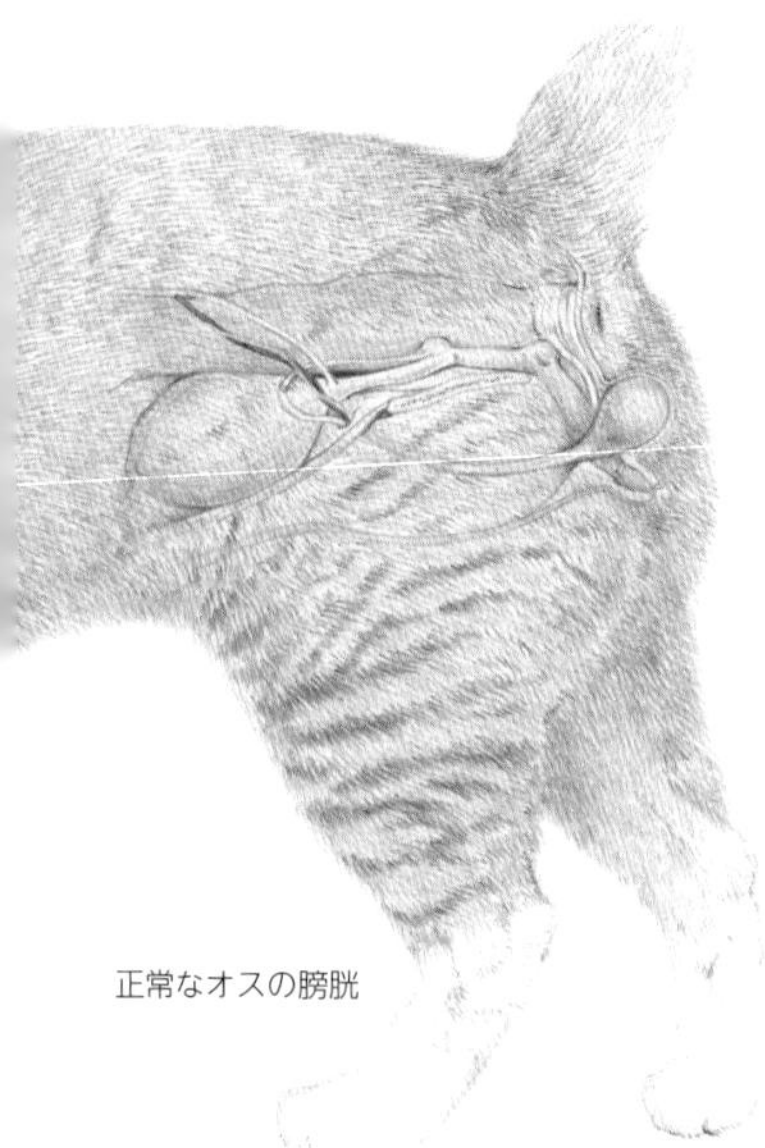

正常なオスの膀胱

なぜこのような非常事態になるのか。それを防ぐ方法があるなら、飼い主はぜひ知っておきたいと思うでしょう。しかし、その方法を的確に伝えてくれる獣医は意外と少ないと思います。なぜなら、今、出回っているキャットフードとこの病気は密接に関連しているからなのです。

25年以上前、私が獣医になった頃、キャットフードは破竹の勢いで人気を獲得し、ペット業界でもてはやされていました。特にドライキャットフードは、ネコにとって良い食べ物という認識が浸透して、金銭的に余裕のある人ほど食べさせる傾向がありました。

そんな飼い方をされた雄ネコは次々と尿道閉鎖になって動物病院へ運ばれてきたのです。

今では、尿道閉鎖はドライフードが原因で起きる病気と認識されていますが、当時は、尿の中に現れるリン酸マグネシウムの結晶に注目され、その結晶を作らせないために尿pH（水素イオン濃度指数）のコントロールが必要だとされていました。結晶は尿のpHがアルカリ性に傾くと出現することが分かっていたので、キャットフードに工夫を凝らして酸性に傾くように改良されましたが、酸性になったらシュウ酸カルシウムの結晶ができるようになったのです。

ドライフードは、アルカリ性でも酸性でも駄目で、あれこれやっているうちに、2つの結晶が同時に出現するネコまで現れて、万事休すとなりました。

人間やネコの尿の濃さは尿比重という数字で表されます。比重が高くなれば、それだけ濃いということで、尿道を詰まらせる結晶を誘発し、さらに年月をかけると結石になります。

尿の濃さを人間とネコで比べてみると、ネコの尿の濃さには目を見張るものがあります。比重でいうと、人間は1・01前後ですが、ネコは1・06以上も珍しくありません。ネコの尿が濃い理由は、先祖であるリビアヤマネコが、水が少ない乾燥した砂漠地域で生息しているからです。リビアヤマネコは獲物の生肉を食べることで貴重な水分を得て、この水分を体で有効に使うために、尿を強く濃縮させて、水の損失を抑える必要があるのです。そんなネコに、水分の含有率が2%程度しかないドライフードを食べさせるとどうなるでしょう。自由に水が飲めるような環境にしておけばいいのでは、と考えがちなのですが、ネコは本質的に獲物の生肉から水分を摂取する動物で、水を飲むことが苦手なのです。必要最低限しか水を飲むことができない個体も多く出てきて、尿比重が高くなり、たやすく尿道を詰まらせる結晶を作ってしまいます。

ドライフードを食べさせている飼い主の多くは、自分のネコがたくさん水を飲んでいると錯覚しているようです。「どのくらい飲んでいますか」と聞くと、「いつも長い時間、水飲み場でペチャペチャ飲んでいるので、結構な量を飲んでいますよ」と答えます。具体的な量を把握している訳ではないのですが、飲む仕草からかなりの量を飲んでいるはずだと思い込んでいるのです。

そんなネコの尿の比重を調べてみると、１・０６もあり、結晶ができていることが多いのです。では、ネコにどのぐらいの量の水分を取らせればいいのでしょうか。医学的に定められた推奨量がある訳ではないのですが、ネズミを食べて生活しているネコを想定して、10グラム前後のネズミを10匹から15匹食べると仮定すると、ネズミから得られる水分は、１２０ccぐらいと考えられます。

ドライフードだけ食べているネコの1日の水分摂取量は、１００ccを下回ると思います。それでいて、ほとんどのネコが脱水状態になるわけではないですから、ネコが生きていくに足りる水分はわずか80~90ccではないかと考えています。

ただ生きているからといって、この水分量が望ましいとは思えません。この生活環境では、結晶ができる個体が一定数出てくるのも無理はありません。

雄ネコに水分を十分摂取させ、尿道閉鎖を回避するには、食べ物に水分を加えるのが、

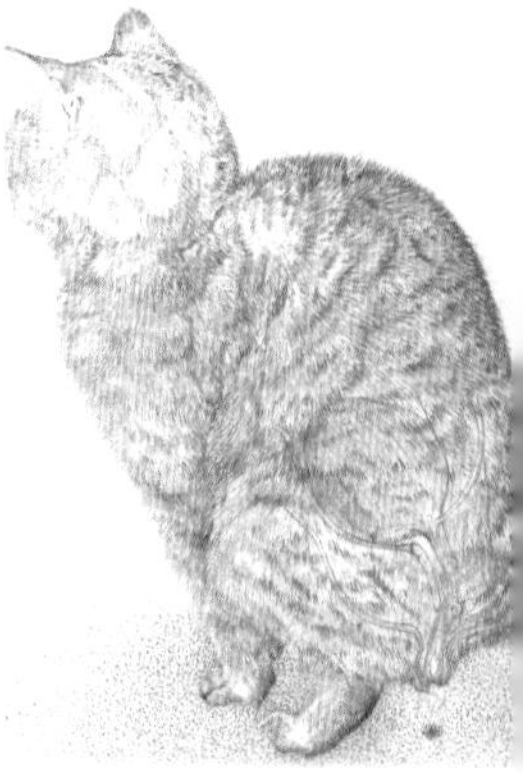

一番の方法です。鶏のささみなどのお肉と、そのゆで汁、煮凝りなど、水分を多く含んだ餌を与える工夫をすることで、尿道閉鎖は予防できます。

特に雄ネコを飼っている人にはぜひ実行してほしいと思います。

生活習慣病 03

ネコにも多い便秘

便秘は、人間にとって病気の一歩手前、不調の一つとして扱われます。便秘に苦しむ人が多いのは、市販の薬の種類の多さ、多様な民間療法などから実感できます。

ネコも便秘になる動物です。犬が便秘で苦しんでいるという話は、ほとんど聞きません。馬や牛にも便秘はないと思います。ライオンやヤマネコにもないのに、どうしてネコはこんなに便秘が多いのか、ずっと疑問に思っていました。

ネコは10歳を超えて、老齢に差しかかると便秘の症状が出始めます。どんな症状が出るかが重要なのですが、「食欲がなくなる」症状は、便秘がかなり悪化して、もうどうにもならなくなって初めて出てくるのです。

そうなると、動物病院での処置が必要となります。もう少し早い段階で、便秘が原因と分かれば、慌てなくても済むし、自宅で対処できるのです。

ネコのお腹の中に便がどれほどたまっているか、それを知るために私たち獣医は触診します。これは慣れた人にとって、透視するようなもので、大きさや硬さも認識することができます。飼い主でも触診である程度分からないこともないと思いますが、それができなくても、便秘のサインを知っていれば、自宅で浣腸するなどの処置で対応できます。

「ウンチがコロコロしている」。これは便秘の第一段階です。鹿の糞《ふん》のようなポロポロしたウンチがいくつか出るのは、長い間大腸に貯留していた証しです。

正常なウンチは、長細いものなのです。その長細いウンチも、大腸に滞留する時間が長くなると、水分がさらに吸収されて、短く固くなります。それがさらに割れて分離して、コロコロウンチになるのです。

こんなウンチをするネコは、ウンチを大腸に2日分か3日分、留まらせています。コロコロウンチが出口に滞留することで、新しいウンチは排出されず、列の最後尾に並ぶわけです。たまたま渋滞しているだけなら、時間が経過すれば流れも元に戻るのですが、慢性の渋滞が続けば、いつまで経っても解消しません。

飼い主の目には、毎日ウンチが出ているから問題ない、と見えることでしょう。高速道路の料金所を先頭に何キロも渋滞していても、料金所から出てくる車だけを見ていると渋滞状況が把握できないといったケースに似ています。

人間なら、自分の体調のことですから、お腹が張るとかの症状で実感できますが、飼いネコのお腹の状態はよく分かりません。「ウンチが出ているから、便秘ではない」と思うのは間違いなのです。

便秘がもう一段階進むと、「食べると吐く」という現象が起こります。ネコはお腹が空いて、バクバク食べるのですが、しばらくすると、嘔吐します。大量に吐いたにもかかわらずケロっとしていて、また食べさせろと催促するケースもありますので、飼い主は「便秘」に気づきません。

しかし、この段階になると、胃のすぐ近くまで便が迫ってきています。胃がいっぱいになるほど食べると、物理的に食べ物が押し戻されて、吐いてしまいます。ネコが嘔吐のあともケロっとしているのは、吐くことで圧迫感がなくなるからです。

「食べると吐く」状態が慢性的に続くと、さらに恐ろしいことが待ち受けています。

いつも便が溜まっていると、次第に便意を感じにくくなってきます。こうなると、かなりの量の便が溜まっていても食欲は旺盛です。この状態が慢性的に続くと、行き場を失った便は、前の便の横に並ぶようになります。高速道路の渋滞に例えると、路肩にまで車が並ぶイメージです。さらに続けば、大腸の幅が広がって、袋状に変化します。袋の出口から乾燥した便が少量ずつ出るだけで、渋滞の解消は自力では不可能になります。

その解消方法は、「摘便《てきべん》」という人間の手による物理的な排出だけになります。これは獣医にとってかなりの労力で、小さな肛門から巨大な糞塊を取り出すことはボトルシップを作るより難しいぐらいです。

◇なぜネコが便秘で苦しむことになるのか

ネコには「巨大結腸症」という病気があります。

病気と呼ぶにはふさわしくないほど不可思議な現象で、文字通り巨大化した結腸に便を蓄える症状が起こります。

ネコによくある便秘が、結腸の巨大化を起こすまでのプロセスに医学的な理由は見つからず、納得ができないのです。便を蓄え続けているうちに、結腸が伸びて巨大化するという生体の反応は理解できますが、そんなに便がたまっているのに、なぜ食べられるのかという疑問が残ります。医学的には説明できない要素があると推測しています。

私が原因として疑っているのは、ドライキャットフードです。ドライフードは、比較的多くの繊維を含んでいます。繊維は、ネコが食べてもそのまま便になって出るだけなので、繊維の多さは便の大きさに正比例します。繊維が多く入っているドライフードをネコが食べると、人間のものかと見間違うほどの大きな便をして、飼い主は驚かされます。どんどん便が出ている時はいいのですが、便秘状態になると、あっという間に結腸に溜まってしまいます。

しかも、そんな状態にもかかわらず、なぜ食べ続けられるのかは、キャットフードの不思議であり、嗜好《しこう》性の妙なのではないか、と思わずにはいられません。

医学の観点からすれば、ある程度便が溜まった時点で食欲はなくなるはずだと思いますが、そうならないから、巨大結腸になるのです。

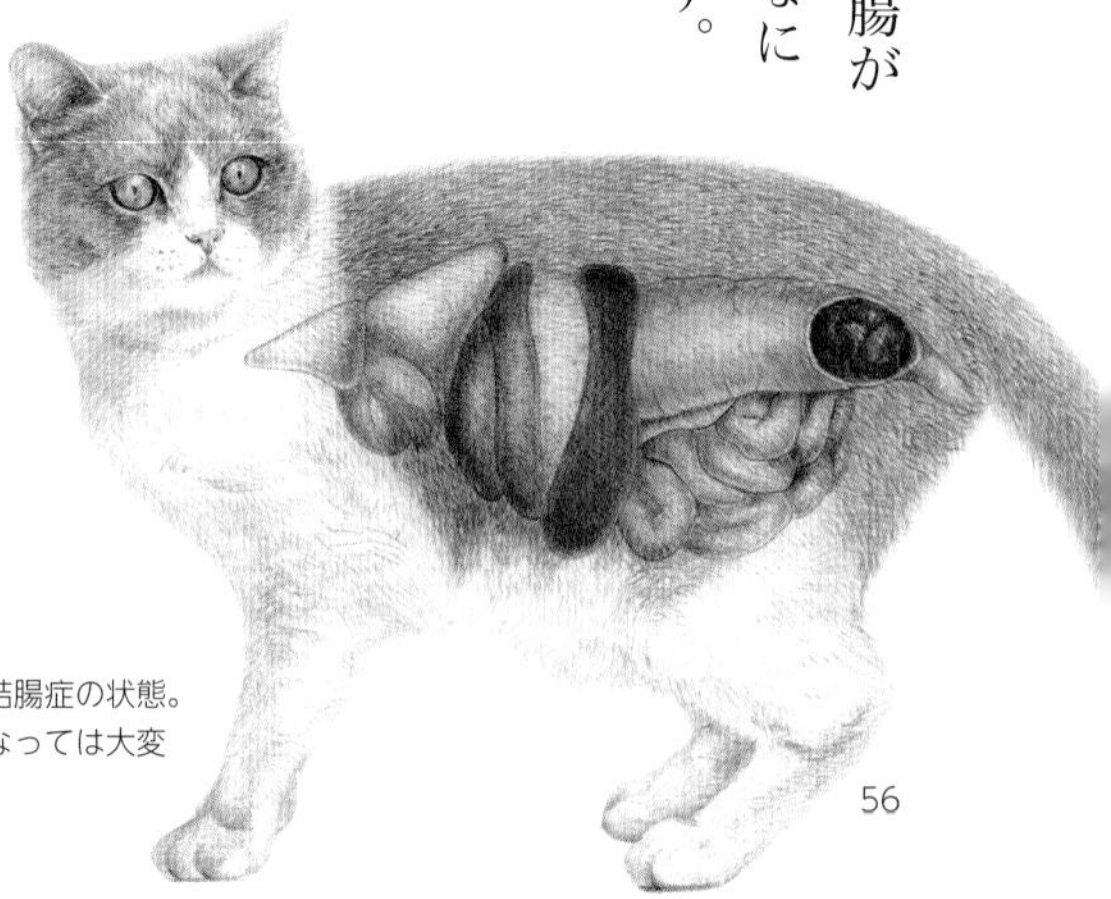

巨大結腸症の状態。
こうなっては大変

こういう病気が人間にもあるのかと、消化器外科の医師に尋ねたことがありますが、「自分は見たことがない」と話していました。

「便秘になるのは直立歩行した人類の定めである。それ以外の動物に便秘はない」という言葉がありますが、ネコの便秘はどう説明していいのか、途方に暮れるばかりです。

最後に、私が推奨している一般家庭でのネコの便秘の解決方法ですが、お腹の便を全て出し切るまで小まめに浣腸をすること、そしてドライフードをやめて消化の良い肉を食べさせることです。

これで、すぐに「はい、治りました」とはいかないかも知れませんが、最悪の状況だけは脱することができると思います。

生活習慣病04

大動脈血栓症という悲劇

大動脈血栓症という病気は人間にはありません。「自分が知る限り、こんな症状が人間に出ることはない」と、複数の医師が答えています。

ネコ特有の病気として、獣医の教科書にまで載っているのですが、血管のダメージと糖質の関係を探っているうちに、ひょっとしてこの血栓症も糖質がらみの問題なのではないかと思えてきました。

ネコの大動脈血栓症は、大動脈が尾部で左右の脚に分かれる場所に巨大な血栓が突然できる大変な病気です。両足に流れるはずの血液が行き場所を失って、腎臓や肝臓などの腹腔臓器に圧が高い状態で流れ込み、心臓自体にもその反動が及びます。そして、血が流れ込まない脚は冷たくなって細胞が次第に死んでいきます。

この異常事態に、ネコは鳴き叫び、飼い主は慌てて動物病院に電話してきます。

この病気の予後は極めて悪いのです。獣医は血栓溶解剤の投与を始めますが、小さな血栓ならまだしも、動脈に詰まった大血栓が溶けるには時間がかかり、血液の供給が滞ることで脚の細胞の壊死《えし》が始まります。仮に、血栓が溶けて血液が通い始めても、壊死した組織から毒素が全身に回ることとなり、ショックを起こして死に至ります。

そもそもこんな大きな血栓の原因物質が「どこから来るのか」というと、肥大した心臓の左心室にできた大きな血栓が剥がれて、尾部で詰まるのです。

肥大した心臓とは内腔が拡張した症状で、心不全を患っていることになります。つまり大動脈血栓症は心肥大がないと起こりえないことになるのですが、不思議なことに、私が経験した大動脈血栓症では明らかな心肥大の症状が出ていたネコは1匹もいませんでした。ただ、心筋に異常が見られ、心筋症が強く疑われたネコがいましたが、生活では心不全の兆候は見られずいたって元気で、突然起きた血栓症だったのです。

教科書的には、レントゲン検査でいわゆるバレンタインハート状に肥大した心陰影のネコがこの病気になり、ある程度高齢ということになるのですが、私は2、3歳の若いネコでも大動脈血栓症になるのを経験していて、この点に疑問がありました。

今思えば、大動脈血栓症を起こしたネコは肥満しているケースが多く、ドライフードを食べる大きな体をしたネコでした。糖尿病ではありませんでしたが、食後の短時間に血糖値が急上昇する血糖値スパイクにより、血管内皮は密かに傷つけられていたのではないかと想像しています。

大動脈は最も太い血管で、毛細血管と違ってそうそう詰まることはありえません。大動脈の内皮に炎症があって、その修復のために血栓が複数張りついて、何かの拍子に血栓が連続的に剥がれて分岐部に詰まるという、まさに「雪崩《なだれ》型」の血栓によって悲劇が起きたということなら、この病気が説明できるのではないかと思います。

では、なぜネコにだけ起きるのかという疑問に対しては、ネコは他の動物に比べて、血糖値スパイクによって血管内皮が損傷を受けやすく、血栓ができやすい体質で、慢性腎不全をはじめとした病気の元になっていると解釈することはできないでしょうか。

一人のネコの臨床家の見解ですが、ネコの奇妙な病気が血管内皮と糖質で繋がっているのではないかと思うのです。

生活習慣病 05

ネコの血栓症

血栓とは、血の塊が血管内にできたものです。この血栓が血管を詰まらせることを血栓症と言います。

人間の医療では、血栓症で引き起こされる心筋梗塞や脳梗塞はあっという間に命を奪う恐ろしい病気であり、回復後も後遺症に悩まされます。

ちょっと昔の話ですが、血栓症は、心臓が悪い人に起きる症状だと思われていました。心臓が肥大して心室が大きくなると、血液の流れが変化して血栓が生じ、何かの拍子に血栓が剥がれて血管にドカンと詰まる。そんなイメージの病気でした。

ネコの医学の教科書にも同じような記述があるのですが、心臓が肥大化するネコはそれほど多くないので、身近な病気ではないとされていたのです。

人間の血栓症が増えてきたのは、いつごろからでしょうか。見た目に元気だった人が急に苦しみ出す血栓症は、生活習慣病ではないかと思われるようになりました。高血圧とか、高コレステロール値とか、動脈硬化とかと同じで、食事の欧米化が進んだことが原因とされています。

今、これと同じことがネコの世界でも起きているのです。まだ、世間的に問題化することはないでしょう。なぜなら、ネコの血栓症は診断がほぼ不可能だからです。死んでも原因不明、もしくは別の理由をつけてしまいます。

先ほど人間の場合として、「見た目に元気だった」と書きましたが、この「見た目」というのが難物なのです。血栓症が起きる下地はそろっていて、危険な状態の人でも、実際に血管が詰まらなければ、元気に旅行にも行くし、ゴルフもします。

ネコの場合は、「普通に食べてるし、よく寝てるし、元気そう」ということになります。しかし急に血栓ができて突然死する、非常に危険な健康状態であることもあるのです。

「大きな血管に大きな血栓」。これが今までのネコの血栓のイメージでした。心臓にできる血栓もこのケースになります。しかし、今は、見えない小さな血栓が最も問題になっているのです。

見えない血栓はどこにできるのか、なぜできるのか。微細な毛細血管には、赤血球が一つ通るのがやっと、という細い部分もあって、細胞に酸素とエネルギーを供給しています。細くてもちゃんとした血管ですので、内側には内皮があります。問題になるのは、この内皮が糖とインスリンによって傷つけられているという事実です。

内皮がダメージを受けると血栓ができて、修復しようと働きます。治れば血栓は消滅していくのですが、過剰な糖とインスリンの刺激が続く限り、損傷と修復は永遠に続くことになります。そのバランスが崩れると、毛細血管が詰まって血行が止まり、その周りの細胞は死んでいきます。静かに進行する小さな血栓が細胞を次々に殺していき、さらに大きな組織を駄目にしてゆくのです。

この嫌な反応は、糖尿病の人に起きる症状に類似しています。腎臓や網膜、末梢《まっしょう》神経などの微細な血管が集まっているところから壊していくのです。この段階では突然死には至らないですが、血栓がさらに大きな血管に起こってくると、心筋梗塞や肺梗塞、脳梗塞という致死的な病気を引き起こすことになります。

生活習慣病
06

命を奪う慢性腎不全

糖尿病で長く治療をしてきた人が、症状が悪化して人工透析が必要になったという話は聞いたことがあると思います。人工透析を受けている人が糖尿病の患者であることから、慢性腎不全は、血糖値の高い人が併発する合併症と考えられています。

腎臓はおしっこを作る臓器で、人間の腎臓には糸球体という血液を濾過《ろか》する小さな装置が１００万個（腎臓は２つあるので合計２００万個）あります。ネコの腎臓にはその10分の１の10万個ほどです。

糸球体は毛細血管が毛糸の玉のようにクルクルと巻かれるように密集していて、そこに血液を通して老廃物を濾過します。微細な構造で、一度壊れてしまうと再生できません。その代わりと言っては何ですが、もともとの数が多くて、4分の1が稼働していれば生活に支障はないと言われています。再生不能な糸球体を長持ちさせるには、毛細血管を大事にする生活習慣を身に付けるしかないのです。

糖尿病に話を戻します。血糖値が高いとなぜ腎臓がダメージを受けるのか。それは血液中のブドウ糖とインスリンに関係しています。インスリンは血糖値を下げるホルモンとしてよく知られていますが、細胞にブドウ糖を取り込ませるよう作用することで、結果的に血糖値を下げているのです。

血液にのってブドウ糖が運ばれてきても、自然に細胞に取り込まれてエネルギーになるのではありません。インスリンというホルモンがひとつひとつの細胞に作用しているのです。血液中のブドウ糖が多すぎると、インスリンも過剰に出過ぎて、細胞にダメージを与えることになります。この状態が高血糖、高インスリン状態です。さらに症状が悪化して、逆にインスリンが出にくくなると糖尿病となります。

ネコは糖尿病になっていないのに、慢性腎不全で命を落とすケースが多い動物です。

この事実については、私の著作「なぜネコが慢性腎不全にならなければならないのか」

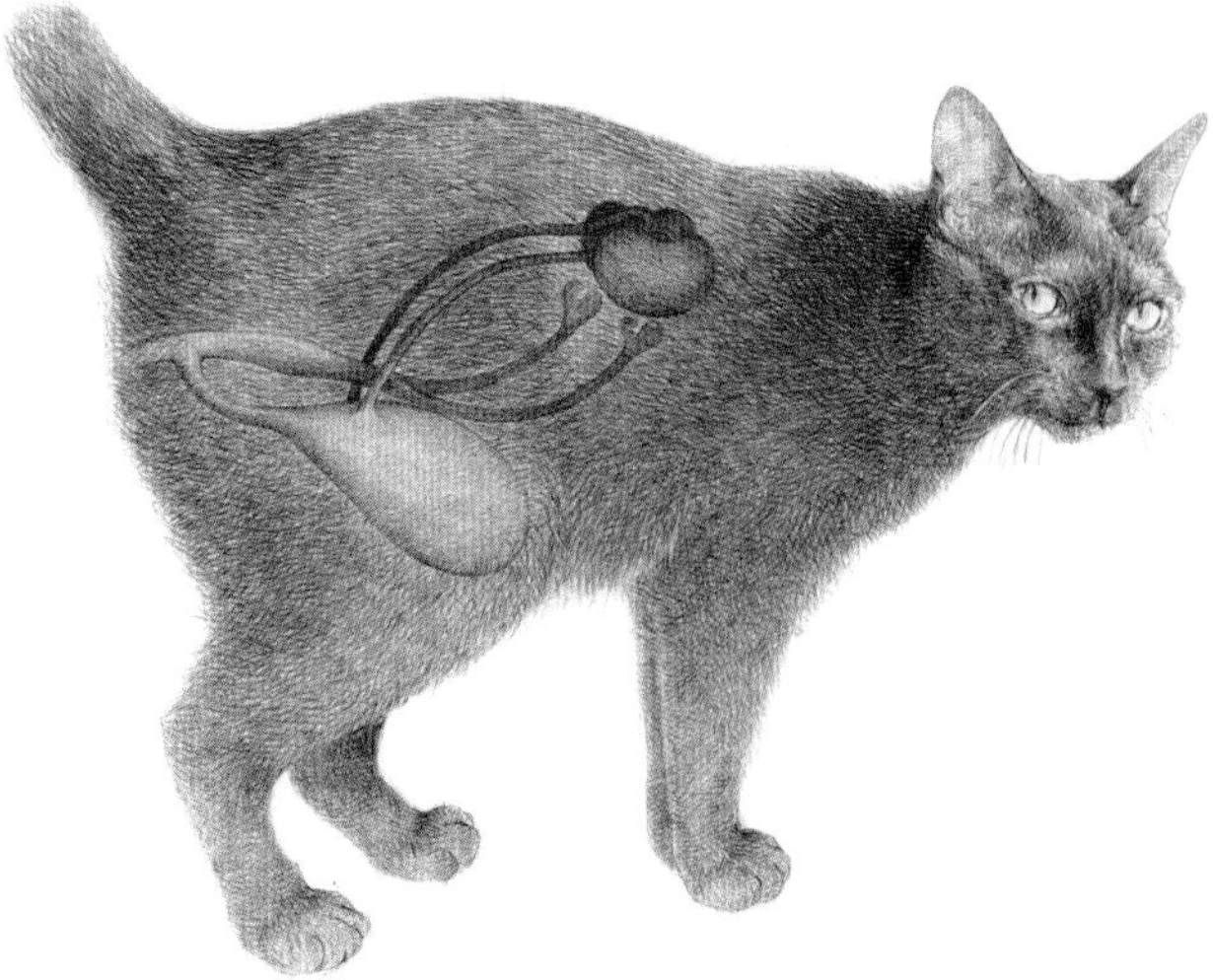

で詳しく述べているので、参考にしてください。

「慢性腎不全は早期発見が大切」と言われていますが、根本的な治療法がないのは事実です。慢性腎不全に対しては主に、点滴療法が行われますが、手間も費用もかかり、脱水の改善にはつながりますが、透析とは違い、結局、尿を作って老廃物を排出しているにすぎません。

慢性腎不全になってしまったネコには、とにかく水分を消化器に入れること、口から水分を摂取できれば点滴と同じ効果が得られるし、点滴よりも多くの水分を体内に取り込むことができます。

ネコに「さあ、水を飲んでちょうだい」と強制してもうまくいきません。「水を食べさせる」という感覚を持つようにしてください。ドライフードはなるべくやめて、水分を十分に含んだ食べ物を与えます。

1日に摂取する水分が200ccになれば、慢性腎不全を治療していることになります。うまくやると300cc も可能です。これは医学的でもあり、看護学的でもある優れた医療です。慢性腎不全と診断されたネコを飼っている方は試してみてください。

生活習慣病 07

慢性腎不全の一番の薬は「水の摂取」

ネコの血液のクレアチニンの値が3mg／dℓを超えて、尿窒素が80mg／dℓだったとしても、飼い主から見たら、普通に動いて食べているし、元気な方だと思うようです。しかし、人間の血液のクレアチニンがこの数値なら、人工透析の準備をと言われるそうです。

ネコの慢性腎不全は珍しくないどころか、ほとんどが腎臓を病みますので、動物病院に連れてこられた高齢ネコを診れば、まず慢性腎不全を疑うことになります。見た目は元気だし、健康診断ぐらいの気持ちで血液検査を受けたら、「透析の一歩手前」と言われれば誰だって驚くはずです。

人間の場合、糖尿病が悪化して腎不全になるケースが多いようですが、ネコは糖尿病を経ずに腎不全になります。ネコの腎臓は人間より繊細で壊れやすいのです。

一度悪くなった腎臓は治りません。壊れていない残りの機能を温存するには何をすればいいのかが、悩ましい問題だと思います。薬物療法としては、腎臓の動脈を広げて尿量を増やすために使うACE阻害剤や、腎臓の詰まった血栓を取り除く血栓溶解剤、腸管のアンモニアを吸着する薬など、確かにいろいろ手法はそろっていますが、一番大切な薬は「水の摂取」なのです。

腎臓の機能が落ちているということは、血液の老廃物が外に出にくくなっているということです。老廃物を排出するためには、たくさんの量のおしっこを出す必要があります。その前提として、水分の摂取が必要で、医療的に行う点滴も確かに効果は出ますが、できれば口から水分を取り入れる方がかなり良いのです。

脱水症状があり、十分に飲めない時には点滴も必要ですが、食べる力がまだあるのなら、水分が多い食べ物を用意してあげてください。肉汁のスープやだし汁、煮こごりなど、動物性のタンパク質を含んだゼリー状のものは食べやすく、栄養も豊富なので、腎不全末期のネコにも活力を与えます。医学的な点滴は1日に２００cc程度が限界ですが、口から入れるなら３００〜４００ccまでは充分いけます。

そこまで水分を取れると、尿量もかなりになりますが、脱水症状はなくなり、毛艶《けづや》がよくなってきます。ただし、この方法は体力がかなり低下した状態ではうまくいかないので、余力があるうちに始めてください。

まずは鶏肉を煮た肉汁を飲む習慣から始めてください。

生活習慣病 08

歯のトラブル

人間が生涯虫歯にならないことが難しいように、ネコも歯のトラブルがなく15〜20歳まで生きることはほぼないと考えていいと思います。

人間との一番大きな違いは、痛いと言わないことです。人間のように冷たいものが歯にしみるなどの違和感の段階でトラブルに気づくことはまずありません。あなたのネコが元気よく餌を食べているからといって、歯にトラブルを抱えていないとは言えないのです。

それではどうやって歯のトラブルを判断すればいいのでしょうか。まずは、ネコの歯を観察してみましょう。歯と歯肉の境目に歯とは違うものが見えたら、それは歯石です。歯石の色はさまざまですが、黄色が多く、時には黒く見えるものもあります。歯肉の色にも注目してください。張りのあるピンク色が正常ですが、炎症があると赤くなります。ひどい炎症が起きていると爛《ただ》れた赤黒い色に見えます。

口の中のにおいもとても重要な情報で、「臭い」と感じたら何か症状があると思ってください。最終的な判断は獣医師に委ねるしかありませんが、治療は歯石の除去と抜歯になります。この処置には全身麻酔が必要になり、数年ごとに行う必要があります。

元気なうちは歯の治療を後回しにしてしまいがちですが、自分のネコに寿命まで生きてもらうには欠かせないことの一つです。なぜかというと、歯のトラブルで命を終えるネコが実際にいるのです。歯痛が原因で食べられなくなって、死んでしまうケースが一般に思われている以上にあります。

健康で歯だけが悪いということなら、麻酔をかけて、抜歯することも可能ですが、他に重篤な疾患を抱えていると、獣医師も麻酔をかけていいのか、躊躇《ちゅうちょ》します。

特に慢性腎不全は厄介で、歯の問題が起きるのと同じ年ごろに患うので、同時進行しているケースが多々あるのです。

水分摂取が重要な慢性腎不全後期のネコが、歯痛も患っているとなると、飲水量が減ってさらに腎不全の症状が悪くなります。「痛い、飲めない、具合が悪い」の負のサイクルがネコを死に導いていきます。

歯のトラブルで自分のネコが死んでしまったとなると、飼い主のトラウマも相当のものです。世界的にみると、日本人は歯が汚いことに寛容と言えるのではないでしょうか。

私は米国人の歯石に対する反応は忘れられません。指導を受けていたドクター・トムがネコの口を開けて飼い主に歯石を見せると、飼い主は決まってこう叫んでいたのです。「オー、マイ、ガー」。びっくりした飼い主は次の週にデンタルケアの予約を入れて帰っていきました。

私も診察室で、「歯石がこんなについていますよ」と飼い主に見せていますが、日本の飼い主は複雑な表情は見せても、叫ぶことはなく、それほど重大なこととは思っていないようです。

生活習慣病 09

品種ネコに多い心臓病

「ネコには心臓病はない」。そう大真面目に獣医が言っていた時代がありました。ネコが獣医の診療対象になった頃、犬と比較して発言したのだと思います。

犬にも心臓病あることが分かってきて、人間と同じように、心筋症や僧帽弁《そうぼうべん》閉鎖不全、卵円孔開存《らんえんこうかいぞん》、心室肥大などの病名がついてきました。

一方、ネコはというと、どうも心臓が悪いようには見えなかったようです。今の獣医から言わせると、「見つからなかっただけ」と言うことになりますが、見つけにくいことは事実です。

現在、ネコの臨床では、心臓病は「よくある」と言ってもいいほど気をつけないといけない病気です。注意して診察するのですが、初期はおろか中期の心不全ですら、なかなか見極めにくいのです。

心不全とは、循環の要である心臓から充分に血液が

出なくなる状態です。血液には酸素を運ぶ仕事がありますから、心不全になると全身的な酸素不足になります。ネコは血の巡りが悪くなると動きたがらなくなります。でも食欲旺盛で、見た目には体調が悪いわけではなく、怠けているように映ります。「怠けている」という表現は、ネコの見かけそのものなので、普通の状態なのか、心臓が悪いのか、見分けがつきません。「ネコは心臓病を隠す」と言われるゆえんです。

犬の場合は、元気に走り回るのが正常で、心臓が悪いと走り出してしばらくすると止まってゼイゼイと肩で息をします。休んで走り出すとまたゼイゼイ…。犬は飼い主の期待と自分の感情に正直で、走りたがる習性があり、心臓病も比較的に見つけやすいのです。

私たち獣医が出会う、心臓病と診断されるネコのほとんどが品種ネコです。つまりペットショップなどで買ってきたネコで、特に大型の品種ネコの心筋症の率は高いといえます。また、以前より心臓に問題があると診断されるケースが多くなった品種はアメリカンショートヘアです。原因がよく分からないまま不調をきたし、循環不全で死んでしまう例が一番多いと思います。

ネコは本来、稀《まれ》にしか心臓病を患わない動物なのですが、品種改良と血統の維持が進んだ結果、心臓病を発現する遺伝子が特定の品種に入り込んで、世代を重ねるにつれて遺伝子が濃くなり、発症率が上がってきたのではないかと推測しています。

日本における、20年ぐらい前からの品種ネコブームは世界でも例を見ない現象で、その裏では急激で忙しい繁殖が繰り返されてきたのだと思います。

人間のように太り過ぎから来る心臓病には明らかな原因があるので、予防も可能ですが、遺伝子に組み込まれた心臓病の「時限爆弾」には予防法はありません。そんなことは初めてネコを飼う人には分かるはずもなく、心筋症で愛猫を亡くしたと悲しむ人を見るたびに、心を痛めるばかりです。

生活習慣病 10

表情が教える膵炎《すいえん》

ネコの膵炎は、血液中のリパーゼを測定して診断します。リパーゼは膵臓から分泌される消化酵素です。膵炎は、この消化酵素が膵臓自体を溶かしてしまう「自己溶解」という現象を引き起こす病気なのです。

消化酵素は十二指腸に出てから初めて食べ物を消化する作用を発揮するのですが、何かの間違いで膵臓を溶かしてしまいます。その間違いがなぜ起こるのか、まだよく分かっていません。

人間では暴飲暴食が膵炎の要因のようで、生活の改善が指導されるそうです。私もネコの膵炎と向き合った初期には随分と苦労しました。人間の膵炎患者は痛みを訴えますが、ネコは痛がっているように見えないので、診断が難しいのです。

それでは、膵炎で痛みを感じたネコはどのような症状を示すのか、長年の観察でやっと全容が見えてきました。病院に来られる飼い主が訴える症状は嘔吐です。嘔吐は食後30分以内に起こることが多く、吐いてもケロッとしているネコや、何度も嘔吐を繰り返すネコまで、さまざまなのですが、食べたものはほとんど出してしまいます。

ただ、食欲は旺盛で、勢いよく食べて、追加の催促もするので、飼い主から見ると病気には見えないようです。

膵炎にも急性と慢性があります。急性膵炎はリパーゼが大量に血液中に出るので、消化液が全身を回りながら体を溶かしていくという悲惨な状況になります。人間でもそうなのですが、命の危険が迫り、耐えがたい痛みと全身性のショックで瀕《ひん》死《し》の状態に陥ります。飼い主も突然のことなので、ただただ慌てるばかりです。

慢性膵炎の場合は、経過がもう少し穏やかで、慌てることはないのですが、病気に気づかないというミスを犯しがちです。

慢性膵炎を患っている人は、アルコールを飲んだ後や、たくさん食べた後に痛みを感じることが多いようです。耐えがたい痛みでない限り我慢するようですが、そのまま放っておくと耐えがたい痛みに襲われ救急搬送となるようです。

慢性膵炎を患っているネコの反応として、食べた後にしばらくじっとして動かないとか、飼い主から見えない所に行ってしまうなど、行動に何か変化があれば「痛み」を感じているのかもしれないと疑う必要があります。

観察力のある飼い主は第六感でネコの痛みを感じ取れるようになります。これは確かに不思議なことなのですが、ネコの顔の表情で痛いかどうかが分かるというのです。

ただ、最初から「痛み」を読み取っていたわけではなく、膵炎と診断されて、注意深く観察しているからでしょうか。慢性膵炎のネコにはこのような愛情深い飼い主が不可欠となります。

生活習慣病 11

「元気で、よく食べる」甲状腺機能亢進《こうしん》症

甲状腺は喉《のど》のあたりにある小さな組織で、ここから甲状腺ホルモンを分泌します。このホルモンは生きることに不可欠な「やる気ホルモン」とも言われ、生体に活性をもたらします。

甲状腺機能亢進症は、このホルモンがなぜか過剰に出てくる病気です。人間では若い女性がなることで知られていますが、ネコでは老齢の病気であると考えられています。

実際、この病気にかかるのは10歳以上のネコがほとんどで、「元気で、よく食べる」という症状なので、ほとんどの飼い主が病気であるとは思いません。それどころか、歳をとっ

てもますます元気だなと喜ぶぐらいです。しかしながら、歳をとっても元気いっぱいにも限度があります。

甲状腺ホルモンは、基礎代謝を上げます。車で言えば、アクセルを踏み続けていつもエンジン全開の感じです。燃料も消費しますから、大量に食べますが、それでいて体は痩せていき、心臓も肝臓も疲れ果ててしまうのです。

行動は積極的になり、時には怒りっぽく、攻撃的になることもあります。隣で寝ていると心臓の音が聞こえてくると話す飼い主もいました。もっと食わせろ、食わせろと迫られて、噛《か》まれたという話もあります。

血液を調べることで診断ができ、治療薬もありますが、根本的に治せる病気ではありません。メチマゾールという薬でホルモンの合成を阻害するのですが、コントロールがなかなか難しく、病院通いが欠かせなくなります。

海外では、唯一の根本的な治療として、放射性のヨードを使うこともありますが、日本ではネコでの使用は認められていません。

「元気がなくなるのが病気」と思っている飼い主がほとんどなので、甲状腺機能亢進症の場合は、かなり病気が進まないと病院に来ません。

病気が進行するにつれて、ネコは痩せてきて目がギラギラしてきますが、ある日、疲れ果てて倒れるように動かなくなります。そんなボロボロになった状態で、病院に連れてこられるのです。

この病気がなぜネコに多く見られるのか。長い間、原因の解明が進められてきましたが、これという証拠はどこにも出てきません。ただ、老齢ということが発症のポイントなので、環境に何らかの要因があるのではないかと思われています。

自己免疫性の病気ではないかとも考えられ、これは人間の甲状腺機能亢進症と似ているようです。

もし自分のネコが、甲状腺ホルモンが過剰に出ているような疑わしい行動をとっていれば、一度心拍数を測ってみてください。1分間に200回以上であれば獣医に見せた方がいいと思います。

手遅れになれば死んでしまう病気です。年寄りネコの飼い主は気にかけていてください。

◆遺伝病

遺伝病 01

品種改良の負の側面

ネコの品種改良は、犬に比べるとずっと遅く、イギリスのビクトリア時代（1837〜1901年）に始まりました。

犬は狩猟などの使役に使われていたため、用途に合わせて品種改良されてきましたが、ネコは使役用途がなく、品種改良をする必要がありませんでした。よりネズミを捕れるように改良することもできません。

ビクトリア時代のネコの改良の目的は、「容姿」だったのです。「世界の秘境のネコ」という万国博覧会的なキャッチフレーズで、特徴ある容姿をしたネコが人気を集めたようです。しかし、これらのネコはすべてイギリスで産出された「メイド・イン・イングランド」だったのです。そうやって品種ネコが作り出されたのですが、大切なことは、その元となったネコは、ドメスティックキャット（家ネコ）だったということなのです。

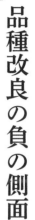

多彩な模様を持つ普通のネコがドメスティックキャットなのですが、勘違いしている人が多く、雑種だから「多彩な模様になる」と思い込んでいます。

多彩な色の表現型を遺伝的に持っているドメスティックキャットのなかに、特殊な色や体型を見つけたら、それと同じような特徴を持つネコを選別して、人工的に交配を続けます。その過程で、遺伝子のばらつきがどんどんなくなっていき、均一化していきます。この一連の作業が品種改良で、その成果が品種ネコなのです。

この技術は家畜全般でビクトリア時代には確立されていました。

ネコは犬ほど品種が多くありませんが、それでも犬に準じたバラエティを持っています。毛が長い、鼻が低い、足が短い、目玉が大きい、あとは色柄でしょうか。これらの表現型はすべてドメスティックキャットが持っている遺伝子なのです。白や黒ならよく出る遺伝子ですが、グレーとか斑点模様はなかなか出ないので、貴重といえば貴重。そういうタイプの遺伝子を抽出して、いつでも再現可能にすることが品種改良の目的でした。

一方、犬はというと、「ドメスティックドック」というのは存在しません。以前はその犬をもとに品種が選出されていたのですが、品種改良がどんどん進められた過程で、そんな多彩な遺伝子を持ったドメスティックドッグはもういなくなって、すべてが品種犬になってしまいました。

この事実は、犬という動物にとって危機的なことだと思います。なぜなら、このまま品種改良が続いていくと、さらに遺伝子の均一化が進み、クローン状態になるかもしれません。そうなると、遺伝病の遺伝子も同じように再現され、遺伝病が必ず発現するようになるのです。

これは実験動物の世界では「疾患モデル」と呼ばれます。ある系統のネズミは必ずある種の癌《がん》になるとか、アトピー性の皮膚炎に必ずなるとか、実験に使うためには好都合なのですが、ペットとして飼うには問題があります。

生まれた時から、必ず病気になることが分かっている犬は、どう考えても飼育には適さないでしょう。

遺伝病 02

人工繁殖がもたらす疾患モデル

「疾患モデル」とは実験動物の世界で使われる言葉です。マウスなどの動物で人工的に繁殖を繰り返した結果、ある病気に必ずなるような遺伝子を持たせた動物を指します。

ある疾患モデルのマウスの系統はみんなアトピー性の皮膚炎になります。このマウスたちを実験に使い、ある薬を投与したり、何か特別なものを食べさせたりして、アトピーの出具合にどのような変化が出るか見るのです。

臨床の場で、アトピー性皮膚炎の患者に薬を与えて効果があるのかどうか、経過を見るのもいいのですが、実際の人間の場合、アトピーという共通点はありますが、それ以外の条件がバラバラです。アトピーが良くなったとしても、薬の効果なのか、証明できないのです。

その点、疾患モデルで実験すれば、遺伝子的にも条件が同じで、薬を与えたか与えないかしか違いがないので、薬の効果が出たという証明になります。

このような実験動物でなくても人工的に繁殖を繰り返す行為は、知らないうちに疾患モデルを生んでしまいます。

犬の状況はとても心配で、すべての品種が疾患モデルになりかけています。心臓病を併発しやすい犬種や、股関節に異常をきたす犬種、気管軟骨が虚脱を起こす犬種、犬種の系統が進むにつれて病気が固定されてきます。

遺伝的な病気は、その動物にはマイナスに働きますが、それをビジネスにしてうまくやっている例もあります。

牛肉の霜降りは筋肉の間に「さし」と呼ばれる脂肪が入っていて、食べやすく美味しいのですが、これは「脂肪変性」という遺伝病です。霜降り肉が好きな人にはゲンナリさせてしまう話で申し訳ないですが、筋肉の間に脂肪が入っていくのは、単なる太り過ぎとかではなく、致命的な遺伝疾患です。

もしあなたがそういう遺伝病だったらと考えてください。筋肉が筋肉たる仕事をしなくなります。歩いてもすぐに疲れるし、あまり力が入りません。

霜降りの和牛も、飲食は普通にするのですが、筋肉が少なすぎて走るのは苦手で、静かに暮らさないとつらいと思います。牛としての人生は不幸ですが、お肉になれば高評価を受けます。

このように「品種改良」というものは、人間を喜ばせる反面、当の動物には大きな負担をかけることになります。ネコの世界でもこれと同じようなことが起き始めています。

品種ネコがどのようにして作られ、どのような運命をたどるのか、私たちは知る必要があると思います。

遺伝病 03

人為的に再生される「軟骨の形成不全症」

スコティッシュフォールドという品種ネコは、皆さんご存じかと思います。この品種は耳が折れているという容姿が特徴ですが、これは遺伝病が起きている姿なのです。「軟骨の形成不全症」という病名です。

軟骨は耳や関節、気管支などにある、骨のようであっても骨ではない組織です。その軟骨組織が正しく成長しないことで引き起こされる数々の問題の一つが、耳が折れているという現象です。軟骨の形成不全症は遺伝病なので、耳が折れているネコが繁殖すると、雄雌にかかわらず子供にその遺伝子が伝わります。

この病気は「顕性遺伝」で、対の遺伝子のどちらかにその遺伝子を持っていれば、発病します。片方だけ持っている状態を「ヘテロ」、両方にある状態は「ホモ」と呼びます。

ネコの耳が折れているのを見て、障害と思わない人もいるかもしれませんが、これは明らかな障害なのです。さらに関節の軟骨にも問題が生じると、歩き方が不自然になります。痛みを伴うこともあり、動くことを嫌がるようになります。

スコティッシュフォールドという名前ですが、「昔からスコットランドにいるネコ」ではありません。イングランドとスコットランドの間で長年にわたる確執があったことは歴史上の事実ですが、この品種を作り出して、「スコティッシュ」と命名したのはイングランドの繁殖家なのです。障害のあるネコを人為的に繁殖させ、スコティッシュと命名することにはスコットランドに対する悪意を感じざるを得ません。

スコティッシュフォールドは現在、イギリスでは、病気の状態のまま繁殖させるのは残酷だとして、倫理上の問題から繁殖を止められています。イングランドとスコットランドにとっても忘れ去りたい悲しい歴史の遺物なのです。

ところが、そのイギリスから遠く離れた

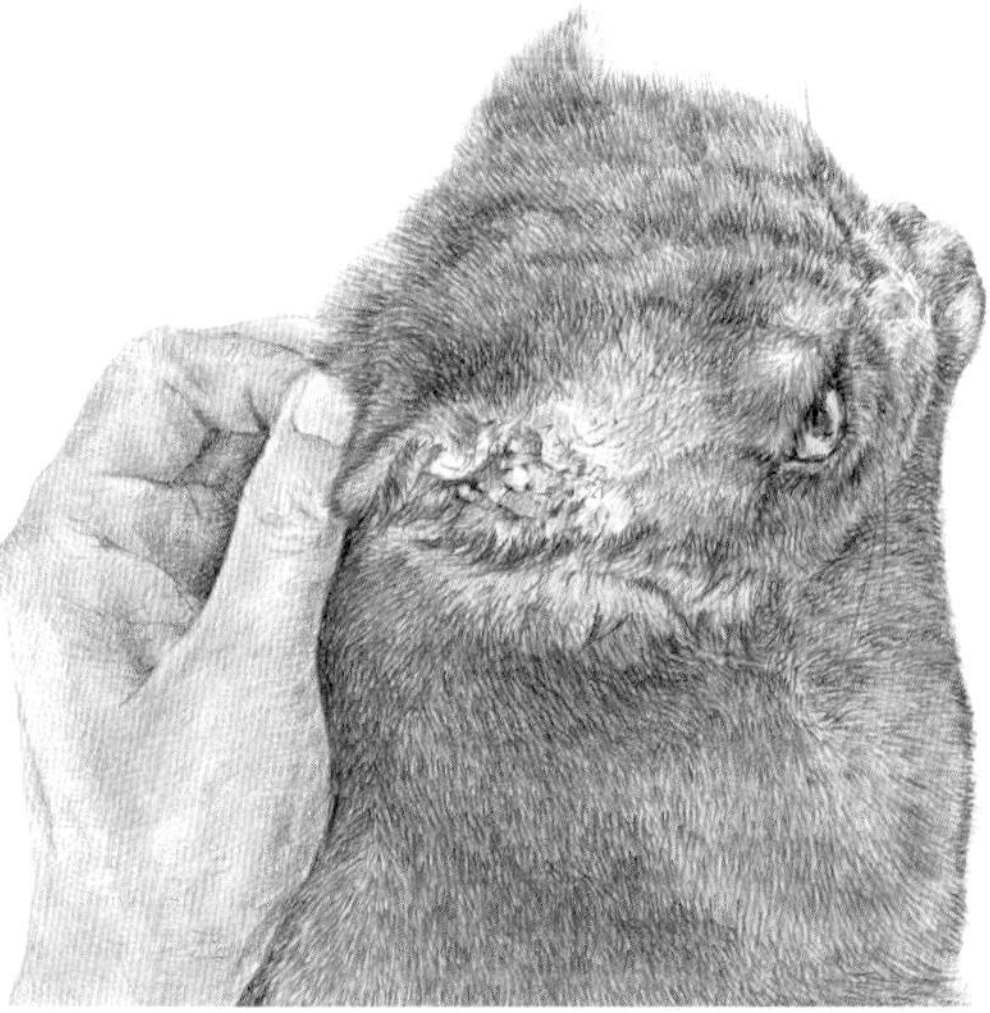

極東の島では、スコティッシュフォールドが繁殖され、販売されています。

ネットのおかげで何でも知っているはずの日本人が、何も知らずにそのネコを買うことに問題があると思います。どうしてこんなことになっているのか。誰のせいと決めつけられるわけではなく、あえて言えば「みんなが悪い」のではないかと思います。

一見かわいらしい姿に浮かれちゃったのか…。私はこのネコを見るたびに、この子たちの行く末を案じてしまいます。

第2章 ネコの食事

01

ネコはそもそも肉食動物

ネコがあくびをする姿を見たことはありますか。口の左右に2本の鋭い牙が見えたでしょう。大型の肉食動物である百獣の王ライオンも、時速120キロで走るチーターも、あくびをすればネコと同じ鋭い牙が見えます。

彼らは皆、真の肉食動物であり、生きた獲物を捕るプレデター（捕食者）なのです。鋭い牙は、獲物を仕留める強力な武器です。獲物の急所である首、頸椎《けいつい》をガブッと噛《か》む、この一撃が勝負です。そして、鋭い牙で絶命した獲物を、今度は飲み込める大きさに引きちぎって食べるのです。

人間に飼われるようになったネコは、獲物の代わりに人間から与えられた物を食べるようになりました。肉食動物に食事を与えることは、本当に正しいことなのか。つまり肉食動物の本質である「狩り」という行為を省くことが本能の根底にある部分を否定してはいないか。牙を使わないとネコに不利益なことが起こらないのか、気になるところです。しかし、人がネコの食事にネズミを与えるわけにもいきませんので、スーパーなどで販売されている鶏のささみなどの肉を与えるのが最適でしょう。

同じ肉食動物であるトラの餌《えさ》について考えてみましょう。ここでいうトラの餌とは、動物園で飼育されているトラに与えられる食べ物のことです。

動物園では、トラに限らず、動物たちに与える食べ物はとても大切です。人工的な飼育ですが、食べ物だけは野生の時と同じものを食べさせなくては健康が損なわれてしまいます。

ではトラに何を与えればいいのか。馬とか鹿とかの草食動物の類《たぐい》になると思いますが、それら野生動物を捕まえてきて生きたまま食べさせるにはあまりにもコストがかかり過ぎます。仕方がないので、すでに死んで解体された馬や鶏が生のまま与えられます。かなり野生に近い状態の動物性タンパク質を与えられていることになるでしょう。

ネコはサイズが違うだけで体の構造はトラと同じという観点から、ネコの食事を考えてみます。

外で暮らしているネコたちは、ネズミを捕って食べます。鳥も食べることでしょう。もちろん生です。今、人間に飼われているネコたちは何を食べているでしょうか。

世界中の9割以上の飼いネコがキャットフードという工業製品を食べています。多分世界の隅々にまでキャットフードは行き渡っているのではないかと思います。クロアチアのドブロブニクを旅した時にも、ネコたちが街中を歩き回っていましたが、女の人からドライフードをもらっているのを見たことがあります。とにかく世界中のネコがキャットフードを食べていることは事実でしょう。

ではネコが食べても大丈夫な食べ物なら、トラに食べさせてもいいような気がしますが、動物園ではそうしていません。ここでキャットフードに対する疑問が生まれてしまいます。

「キャットフードで本当にいいのだろうか」

とはいえ、「獣医さんも勧めているし、みんな、食べさせているし、問題ないだろう。トラとは違うんだろう」と考えて、疑問を断ち切るしかないのが現状だと思います。私もこの疑問をずっと抱きながら、答えをずっと保留にしてきた事実があります。

しかし、今はその答えが出たと自覚しています。

「キャットフードはネコの食事の代用品で、食べてすぐにどうなるものではないけれど、与え続けて良いものではないのです」

長年の疑問に驚くべき答えが出たことで、喉のつかえがとれた気分なのです。与え続けることでどのような弊害があるのかは、前章「ネコの病気　生活習慣病」でお伝えした通りです。

02
なぜキャットフードしか食べないのか

キャットフードしか食べないネコがいると聞くと、どう思うでしょうか。

それは当然だ、と納得できる人は多いかもしれません。実際、来院する飼い主の中にも自分のネコにキャットフードしか食べさせたことがないという人は多くいます。その理由を聞くと、「『人間のものは食べさせてはいけない』と聞いたことがあって…」と答えます。

真面目な人ほどこの言葉に忠実にキャットフードを与え続けています。

「人間のもの」と言う言葉が勝手に一人歩きしてしまったようなのです。これはイギリスの獣医が語った言葉で、本当の意味はこうなります。

「ネコは人工の添加物を解毒分解する能力がないので、人間が食べるような食品添加物を含む加工食品は、ネコには食べさせてはいけない」

この言葉は、キャットフードが世に普及する前のものです。ですから、当時の人々は「人間のものではない食べ物」と言われても、キャットフードを連想することはできなかったでしょう。この獣医さんは、人間の残り物を食べていたネコが具合を悪くする症例をたくさん見ていたのだと思います。そして、その頃はやり出した人間の加工食品が原因と推測して、こう警告したのではないでしょうか。

確かに加工食品の出始めは何でもありで、今では考えられないぐらい恐ろしい添加物がたくさん入っていたと思われます。人間だって具合が悪くなるケースもあったのではないでしょうか。徐々に添加物の規制が進んで、危ないものは認められなくなりましたが、いまだに怪しいと言われるものが使われ続けていることは紛れもない事実です。

生まれてこのかたキャットフードしか食べたことがないネコは、実は結構たくさんいます。

そのネコの飼い主に「たまにはお肉も食べさせてみてください」とアドバイスすると、後日、「全く食べようとしませんでした」という返事が返ってくることがあります。普通に考えれば、食べて当然のように思えますが、そういうネコは頑として肉を食べようとしないのです。「食べたことのない物だからなのかな…」と飼い主は思いますが、お腹が空いていても肉に興味を示さないことは、ネコとして、さらには生き物としておかしなことになっているとしか言いようがありません。

そもそもネコは食べ物のにおいを嗅《か》いで食べられるかどうか、認識します。キャットフードには人工的にネコが食べ物だと認識できるように香りがつけられていますが、肉を食べないネコは本来の食べ物である肉が認識できないぐらい、においの回路が狂ってしまったのでしょう。

こうなると外でネズミを捕って食べるなんてことはお伽話《とぎ》になってしまいます。

キャットフードを食べていても、喜んで肉を食べるネコもいます。こういうネコは子供の時にキャットフード以外のものを食べた経験があるようです。「子ネコの頃にソウルフードである肉を食べさせなくてはならない」と、獣医として強く訴えたいです。

キャットフード（中でもドライペットフード）だけを食べ続けていても20歳ぐらいまで

長生きするネコもいます。しかし、獣医として深刻な病気に向き合ってきた経験から言わせていただくと、キャットフードだけで長生きしたネコは運が良かったのだと思います。運悪く若くして亡くなったネコも、肉中心の食事を与えられていれば、生活習慣病にならず、もっと長生きした可能性が高い、と考えています。

03

キャットフード考

キャットフードが世に出て、50年以上の月日が経とうとしています。

キャットフードが世になかった時代をキャットフード紀元前（B・C・＝before・catfood）とすると、私はB・C・10年ぐらいの生まれですから、物心つく頃にはキャットフードが出回っていたことになります。

今私が診ているネコの飼い主の多くは、キャットフード紀元後（A・C・＝after・catfood）生まれで、ネコはキャットフードを食べる生き物であると強く刷り込まれています。

「お肉も食べさせてみて」と提案すると、「そんなものを食べさせて、大丈夫ですか」と反論されることもあるぐらいです。

キャットフードとは何なのか。経済白書（1956年）に「もはや戦後ではない」と記述されたあたりから「新しいものは良いものだ」という定義の刷り込みが国民的にできてきたようです。この頃、工業製品の大量生産が始まり、自動車や冷蔵庫、テレビ、洗濯機が人々の憧れの的になって、性能が上がっても価格が下がるという魔法みたいなことが起きていたのです。

そこにキャットフードが米国から輸入されるようになって、人々が注目しないわけがありません。お金を出してキャットフードを買ってきては、近所にこう自慢したのではないでしょうか。

「うちのネコ、もうキャットフードしか食べないの」

キャットフードは工業製品であり、ネコが必要な全ての栄養を含むように科学的に作られている素晴らしいものであると人々は信じました。ネコたちも喜んで食べていたようです。

新しいネコの時代がやってきたと思いました。1970年に開催された大阪万博は、三波春夫の音頭で盛り上がり、岡本太郎の芸術作品「太陽の塔」の周りに世界各国の未来の建物が立ち並んで、日本中から大勢の人々が押し掛ける盛況ぶりをみせていました。

ちょうどその頃、私は親に連れられて東京・日本橋の高島屋に行った記憶があります。入り口では綺麗《きれい》なお姉さんたちが、来店者に小さなパンを手渡しています。好奇心に駆られた私は「バターがついているんですか？」と聞くと、お姉さんは「違います。マーガリンです」と笑顔で答えました。子供心には何のことか分かりませんでしたが、バターからマーガリンに替えることで、健康を意識した最新の生活になることをアピールしていたのです。

まさしく価値観の刷り込みというもので、自動車や家電製品に限らず、食品の世界にも健康を重視したものが開発され、手軽に買えるようになりましたという訳です。こんな時代背景もあって、キャットフードが人々にすんなり受け入れられたのもうなずけます。

「そんなもの食べて良い訳ないだろう、ネコは魚と相場が決まってらあ」。ネコ好きの江戸っ子のおじさんはそう言ったかもしれませんが、時代遅れと言われて、その声はかき消されてしまったことでしょう。ネコが食べるものはキャットフードという新しい定義が成り立ってしまいました。

時代が進んで、マーガリンに含まれるトランス脂肪酸の弊害が明らかになると、バターの代用品であったマーガリンの需要は下火になりました。

ネコの生活を激変させたキャットフードはこれからどうなるのでしょうか。キャットフードもマーガリンと同じような運命をたどることになるかもしれません。ただ、人間が直接食べるものではないので、その利便性だけは評価されて生き続けるようにも思います。

04

生肉を食べさせたい

私はあるネコの飼い主から「ロサンゼルスのペットショップで、生の肉がペットフードとして売られていました」と聞かされました。工業製品としてのキャットフードが原因と考えられる数々のネコの疾患にずっと心を痛めていましたので、そのニュースには一筋の光明が差したと思えたのです。

「肉食動物のネコには生肉が良い」ということは分かっていたのですが、それをペットフードにするには、有害な雑菌の除去という高いハードルがあり、それをクリアするにはどうしても熱を加えるしかないのです。これまで「ゆでた肉を食べさせてください」とネコの飼い主に勧めてきたのですが、「生のままで、しかも保存が効くキャットフード」が商品化されていると聞くと、その進歩に驚かされます。

ネコの餌にできる生肉は、無菌状態のまま解体するか、何らかの方法で殺菌してパッキングしたものになります。それが実現できた、米国的なチャレンジ精神とパイオニア精神に敬意を表したいです。

「このままのキャットフードでは駄目だ。ネコの体がどんどんむしばまれていく」と危惧して、生肉キャットフードの製造に乗り出したのは誰なのかは分かりませんが、多分獣医

とそれに近いネコを愛する複数の人たちがアイデアを出し合って、実現できたのだと思います。

肉そのものを無菌に加工するには、ゆでるのが一番簡単ですが、ゆでてしまうと生肉だけにある栄養素が失われてしまうのです。

殺菌方法には、ゆでる（熱を加える）以外に、消毒薬または殺菌ガスを使う方法があります。また、医療器具などは電子線による殺菌が行われていて、注射針やメスなどはみんなこの方法です。

肉が生のまま殺菌できるようになると、雑菌が恐れられている生レバーのメニューも可能になり、人間の世界でもいろいろな料理に応用できるのではないでしょうか。生肉の殺菌法は、ネコだけでなく私たちの生活を変えるほどの発明だと思っています。

ただ、残念なことにロサンゼルスの生肉キャットフードは今の段階では輸入できないそうなので、日本のネコが食べることはできません。

日本のネコに健康的な食事をさせたい場合、鶏であれば、焼き鳥のメニュー、胸肉、もも肉、皮、はつ、レバー、ささみ、砂肝などを食べさせるとよいでしょう。ただし、レバーは、週に1、2回にとどめてください。

理想は低温調理です。簡単なやり方は、沸騰したお湯に、ビニール袋に入れた素材を入れて火を止めます。こうすることで、大事なスープを逃しません。手で触れられるぐらい冷めるまで、予熱で火を通します。お肉に火を通すというのは、殺菌が目的です。なるべく栄養素を失わないように、こうして火の通し方加減を工夫するのです。

鶏の煮こごりの作り方もお伝えしておきましょう。手羽先や手羽元にかぶるくらいの水を入れて弱火で、コトコト2、3時間煮ます。酢を少々入れると骨も柔らかく仕上がります。

また、フィッシュオイルも、ネコの健康に良いと言われています。貝の汁も良いです。

05

ネコの肥満を解消する方法

私の患者さん達がまだキャットフードを食べている時、私は長い期間、飼いネコたちの肥満症を解消できずに苦しんでいました。

キャットフードを、減量用のタイプに変えたり、食べる量を減らしたりと色々試みましたが、体重を減らすことは困難で、一時的に下がったとしても、また元に戻ることがほとんどでした。

減量期間中、ネコはひたすらキャットフードを欲しがり飼い主さんはその要求を跳ねのけることに疲れ果てていました。

それでもいくらか体重が減って、やれやれと思うと、また体重が増えてしまうのです。

そこで私はある結論に達しました。

「キャットフードで肥満になったネコはキャットフードでは減量できない」

肥満の状態を放任することもできず、ネコの食欲に抗《あらが》うこともできず、ネコ本来の肉食に戻るべく、鶏のささみをゆでて与えるという方法を取りました。

キャットフードからささみに変えて、喜んで食べるネコもいますが、なかなか食べないネコもいて、うまくいくことばかりではありませんでしたが、キャットフードをやめるとネコの体重は確実に下がりました。

食べたいだけ食べさせることで、飼い主さんも減量の苦しみがなく、食べて痩せる減量法は大変好評でした。

同時に、ネコの体調が以前より良くなったと感じる飼い主さんも増えてきました。

キャットフードを食後よく吐いていたネコが、吐かなくなったという報告です。

いいことづくめの減量法ですが、それでは「なぜネコが太ってしまったのだろうか」と、
キャットフードについて考えるようになりました。

どうやら、キャットフードに含まれる炭水化物、その中の糖質が問題であったのではないかと推測できます。

人間でも、糖質が肥満の要因になっていることは明らかです。

しかし、人間の場合、肥満になるのは糖質を多く取る人の場合であって、糖質を取ったからといって肥満になるわけではありません。

ネコは糖質を取ると肥満になるようであり、糖質さえとらなければ太りすぎることもないとしたら、糖質自体がネコに必要なものではないのではと思うようになりました。

では、なぜ糖質がキャットフードに含まれているのでしょうか。その疑問はいまだに抱き続けています。

第3章 ネコの環境

01

室内飼育と外飼い

ネコの飼育タイプには、全く外に出さない「完全室内飼い」があり、米国の都市部では、その飼育法が良いと考える傾向があります。その理由として、ネコが外に出ると野生動物（主に小鳥ではないかと思いますが）を捕食するから、自然を破壊することにつながるという考え方です。つまりネコを外に出さない飼い方は環境に優しいというのです。

日本でも都市部で住んでいるネコの飼い主は、ほとんど室内だけでネコを飼っていて外に出すことはありません。米国とは違う理由で、「外に出して事故に遭ったら大変だ」という思いからです。環境のことを考えて外に出さないという人はほとんどいません。

マンションに住むネコの飼い主は、建物の構造上、ネコが外に出るということが適《かな》わないと考えています。対して一戸建ての住宅であれば、ネコが内と外を行き来することは充分に可能です。自由に外にいけるネコにするという選択もできるのですが、積極的に外に出そうという飼い主は少ないようです。やはり事故に遭うことが心配なのだと思います。

交通量のほとんどない道に面しているような家なら、ネコが飛び出しても、車にひかれる心配はありません。そんな環境では、ほとんどの飼いネコが外に遊びに出かけています。いわゆる田舎の暮らしです。ネコが一旦外に出れば、どこで何をして、何を捕っていようが知る由《よし》もなく、環境に及ぼす影響まで考える人は少ないと思います。

むしろ、ネコが外で獲物を捕ることは当たり前で、そうした方が精神衛生上も良いだろうと考えるのです。ネコが外を自由に歩き回って生きて、野生動物の一面を見せることに飼い主の喜びすら感じられることでしょう。

ネコの完全な室内飼育を求める米国型に対して、ヨーロッパの国々の考え方は正反対です。イギリスはもともとネコが外に出ることを、許容どころか、推奨するほどの勢いがあります。さすがに、都市部のアパートメントでどうなっているのか分かりませんが、郊外で庭つきの家に住んでいる飼い主のネコなら間違いなく自由に外に出ています。ラテン系の国々では避妊や去勢もしない状態でみんなが外に出ています。宗教的な観点から、ネコにも自然な妊娠を望むのではないかと推察しますが、このスタイルは昔から今に至るまで変わっていません。

「環境に悪影響を及ぼすから家の中にいなさい」とネコに強制するのは今や米国のお家芸で、日本もなぜかそれに追従しています。どちらが選択されるべきかは、それぞれの国の事情によって違いますので、世界基準をもとにした答えはないようです。

科学的根拠から、ネコを外に出すと自然を破壊することになるという主張は、一見すると説得力があるようですが、その根拠となる検証結果の数字も、科学的に正しいかどうかはまだ実は分からないのです。

米国の学者は、屋外に出たネコが殺した野生動物の数値データを出すことで、いかにネコが自然環境を壊しているかを主張しています。これに対抗して、イギリスの学者はネコが捕る小鳥はほぼ飛べなくなった鳥で、それをネコが捕ったとしても自然の摂理だという内容の論文を発表しています。つまり、ネコが捕ることができる鳥は死ぬ直前で繁殖の目的も果たした個体なので、仮に食べられたとしても、鳥の数に影響がないということなのです。

確かに小鳥にとっても、その辺で死んで腐り果てるよりも、誰かの餌になった方が「生命の連鎖」に貢献することになりそうです。

ネコの健康ということを考えると、室内飼いは、運動不足に気を付ける必要があります。外に出るネコは、木登りして塀にも登り、屋根伝いに歩くなど、かなり運動量が多いものです。他のネコに追いかけられでもすれば、全速力で走るでしょう。

残念ながら室内飼いで動けるスペースは狭すぎます。そこで、天井までの室内空間を生かして、ジャンプできる環境を作ってあげましょう。

ネコは70センチぐらいなら軽々と飛び跳ねます。ネコが上手く飛んで着地できる場所に食事を置くようにすれば、食事の度にジャンプします。なるべくたくさん飛び乗れる場所を作ってあげるとよいでしょう。

ネコがハンティングの本能を満たせるように、ネコジャラシなどで遊んであげることも大切です。運動不足を克服することで、室内飼いがネコのベストな飼育方法になる可能性は十分にあると思います。

02 野良ネコと飼いネコ

野良ネコか、飼いネコかの違いは、世の中の「ネコ嫌い」を作り出し、多くの問題を生み出していると認識しています。

しかし野良ネコと飼いネコ、この2つの言葉の定義は、法的な根拠もなく、公式な機関組織が定めているわけでもありません。その定義は人によってバラバラで、自分なりにしっかり定義している人もいれば、ほとんど関心がないのに、「野良ネコ」「飼いネコ」という言葉を使っている人も多いように思っています。

そこで、私なりに考察してみたいと思います。

私が動物の臨床医になって初めてネコに接した場所は、周りが田んぼと畑に囲まれている病院で、その田んぼや畑を歩いているネコはみんな野良ネコでした。

往診先から車で病院に戻ってくると、畑を歩いていたうちのネコ、つまり私が病院で飼っていたネコが私の車に気づいて追いかけてくることもありました。遠目にははっきり分からないのですが、何となく雰囲気でうちのネコだと認識したものです。

そのネコは、餌を外で食べたり家（病院）の中で食べたりで、たまに知らないネコが餌を食べに来ていました。それが野良ネコであるとか、誰かの飼いネコであるとかは問題ではなかったのです。何よりも問題だったのは、お客さんとしてやって来たネコが自分の家のネコと仲良くできるかどうかでした。

自分の家のネコを排除しようとするネコは、飼い主の私も敵と見なして追い払い、友好的なネコには、友人として餌も分け与えるといった感じでした。そんな経験があるので、今でも自宅の庭を歩いている知らないネコを野良ネコだと思ったことはありません。

私の病院に診察で連れてこられるのは、ほとんどが飼いネコです。時々、たまたまそこで出会って仲良くなったとか、拾ったなんていう子ネコが来ることもあります。そんな時に、ネコを連れてきた当人は「どうしたものか」という顔をしながらも、自分が飼い主になったことを自覚していくようです。

私たちは、ネコを「飼いネコ」と「野良ネコ」に分類したがります。ただ、それは実はネコを分類することにはなっていないと思います。大切なことは人間側ではなく、ネコ側の問題で、そのネコが特定の人間を自分のパートナーとして認めているかどうか

ということです。特定の家にいるから「飼いネコ」だとか、自由に外を歩き回って寝る場所が定まらないから「野良ネコ」だとかという判断は、ネコ本来の状態を的確に表せているようには思えません。

人間がネコをこの2つに分類するのは多分無理なのでは、と感じています。

03 誰にも飼われていないネコ

誰にも飼われていないネコというと、それは野良ネコのことかしらと、ほとんどの人は思うかもしれません。固い言い方をすると、法的に誰の所有物でもないということになります。

誰かの所有物と言われると、嫌な感じですが、ネコは法的には、「物」と定められています。自動車とか、カメラなどと同じものです。そうすると、道に自動車が停めてあったり、カメラが公園の芝生の上に落ちていたりしたら、どうしたら良いのでしょう。

辺りを見回して人がいなかったら持っていっちゃう…それは駄目ですね。人の「物」ですから交番に届ける義務があります。何年も同じ場所に止まっている自動車ならどうでしょうか。長い間動かした形跡がないボロボロの自動車。それでもその自動車が誰かの「物」であることだけは分かります。

こういうケースが、ネコで起こったらどうすればいいか、考えてみてください。公園の芝生の上に子ネコがいたら…道を具合の悪そうなネコが歩いていたら…。生涯で一度も出会うことがないシュチュレーションではないと思います。いつかそんなことが皆さんの身の回りで起きるかもしれません。

ネコは、「物」だから交番に届けなくてはいけません、と言われたら、確かにその通りなのですが、今までは、ほとんどの人はそうしてきませんでした。

私の経験では、たとえ100人が具合の悪そうなネコを目にして通り過ぎたとしても、101人目の誰かがネコを拾って動物病院に連れてきていました。そのネコが誰かの「物」だと一瞬思うかもしれませんが、助けるという行為が先に立つものなのです。

助けたくなるのは、ネコがカメラや自動車のような物ではないからだと思います。法的にはネコは「物」ですが、社会的には「生き物」なのです。この生き物に対する考え方が、とても大切になります。その生き物をどう扱ったかが、その人の「品格」を物語ることになるからです。

「生き物」を「物」のように扱うことが、あたかも当たり前であるかのような、経済優先の社会になっています。全てを物として扱う方が、都合がいいからです。時として、誰もが「命あるもの」の存在を無視してしまいがちです。飼い主のいないネコを虐待したり、ペットショップに並ぶネコを買ったり。「物」ですから、傷つけて壊したり、売買することのこともできるのですが、「生き物」には心があります。

誰にも飼われていないネコを、社会がどう見るのか、大きな問題だと思っています。ネコ同様に人間には心がありますから、この問題には心で対処するしかありません。

「もし自分がネコだったら」と思うだけでも解決の糸口になるのではないでしょうか。

04 捨てネコ

「捨てネコ」という言葉は、よく聞きますが、この言葉は「捨て子」から派生した言葉ではないかと思っています。「捨て子」は悲しい言葉です。誰が捨てたかと言えば、母親なんですから。ずっと一緒にいたいはずの子供を捨てなくてはならなくなった事情や環境、何も分からず生まれてきたのに最も頼りたい母親から捨てられた子供。世の中でこれほど悲しい言葉はないと思います。

それでは「捨てネコ」は誰が捨てた子ネコなのでしょうか。ネコの母親が子ネコを捨てたのではなく、捨てたのは人間です。ですから、正確には「人間が捨てたネコ」であって、本来「捨て子」の意味する母親がやむなくというニュアンスではないのです。

ネコを捨てるにも理由はあると思いますが、人として褒《ほ》められたことではありません。こういう行為をする人がネコの飼い主であるということにも、注目すべきです。捨てた子ネコの母親を飼っている人しか、子ネコは捨てられないからです。

飼い主に気を許す無防備な母親ネコから子ネコを奪い、どこかに放置して死に至らしめる行為は法的にも処分される行為です。かわいそうなことに、自分の親がネコを捨てているのを見て育った子供もかなりいるのです。

そういう親を持つ子供は大人になって、親と同じことのできる人間になってしまうのか。子供は親がしていた事実を心の奥底に沈めて、じっと生きていくしかありません。

一方、「捨てられていないネコ」とはどんなネコのことなのでしょうか。一昔前は、この捨てられていないネコが、飼いネコになっているケースがほとんどだったのです。捨てられていないネコは、人間と接した環境で生まれたネコたちです。納屋や家の中など、とにかく人のいる安全な場所で生まれ、

愛情を込めて母親に育てられ、きょうだいと戯れながら育っていきます。そして、成熟する前に母親に促され、その環境を出ていって、新たな飼い主と出会い、自分の人生を始めるネコのことです。

自分を許容してくれる飼い主を見つけるまでに、幾多の冒険もあるでしょうが、本来ネコはそういった過程を経て、飼いネコになっていきました。

捨てられたり、殺されたりすることなく、自分の運命に従って、飼い主を決めることは、最もネコらしい生き方だと思っています。

社会が複雑になり、ネコの生活環境が変わっていって、「捨てられていないネコ」が運よく飼いネコになるという、本来のネコと人間との出会いも少なくなってきています。原点に立ち返って、ネコと出会うことはどういうことなのかを再認識できると良いのですが。

ネコが欲しいと思うのではなく、ネコに選ばれるのを待つのは、「禅」の境地みたいでいいとは思いませんか。

05

ネコの祖先はリビアヤマネコ

ネコの先祖がリビアヤマネコであることは、生物学的に間違いのないことです。しかし見た目が違うし、何よりも性質が野生のヤマネコとはまるで違います。リビアヤマネコを動物園などで見かけた人もいるかと思いますが、身体的な構造はネコと同じでも、ネコのように人懐っこく近寄ってきたりはしません。

ネコとリビアヤマネコの違いはどうやって生じたのでしょうか。1万年の時間をかけて、人間は知らず知らずのうちに、ネコに対して選択的な行為をしてきたのではないかと予測しています。

人間と野生のリビアヤマネコとの一番最初の出会いは奇跡的なものだったでしょう。偶然、人間に近寄ってきた、そのリビアヤマネコは、野生動物では持つことのない「好奇心」を遺伝子の突然変異で獲得した個体だったかもしれません。そのリビアヤマネコが人間の近くで子供を生み育て、またその中から人間を許容できる性質の遺伝子を持ったリビアヤマネコが人間の近くに残って、子供を産み育ててゆく。こんなことの繰り返しで次第に人間に対してフレンドリーで好奇心が強い性質の遺伝子が選択され、固定されます。

人間のそばで生まれた、すべてのリビアヤマネコが、人間を許容する性質を持っていたとは思えません。多分大部分のリビアヤマネコが野生に帰ったのではないでしょうか。

何千年も昔の人類は、今のような人慣れしたネコを飼っていた訳ではなく、野生からちょっとだけ性格が穏やかになったリビアヤマネコを飼っていたのだと思います。

リビアヤマネコが被毛の容姿を変え、ネコに変化した時期は知る由もありません

が、多分単色の白か黒のネコが最初に現れたのではないかと考えています。

豚の場合は、猪が家畜化される過程で被毛がなくなってきましたが、ネコの場合は、縞模様がなくなってくるという見かけの変化が、家畜化の始まりに起こったのではないでしょうか。真っ白や真っ黒のリビアヤマネコが生まれたら、それはもう大喜びして、人間たちは彼らを大事に扱って、次の世代の誕生を待ったことでしょう。

そういう人懐っこい性格をしたネコは貴重品として、人間の手によって世界中に運ばれていったのです。現在、世界中にネコは分布し、人と暮らしています。ネコには不適切な寒い気候でも人と暮らせば繁殖できるのです。

かつてリビアヤマネコであったネコは、今ではリビアヤマネコの亜種と目されています。生物学的には同じ生き物でありながら、変わってしまったのです。ネコはもう野生に戻れないところまできています。人間に自分たちの運命を託したネコをどう扱ってゆくか、人間の器量が試されているようです。

06

輻射《ふくしゃ》熱による熱中症

毎年多くの人が熱中症になるように、ネコも熱中症になることがあります。人間の場合、暑いなか無理に外出して、あるいはスポーツをしていてなど、暑い場所にいたから、熱中症になってしまったのだろうと納得できます。

しかしネコは、冷房がかかっていた室内で熱中症になる場合もあり、飼い主はそろって、「室温は高くなかったし涼しいぐらいだったのに……」と驚きます。なぜ室温が高くなかったのに、ネコの体温が上がって熱中症になってしまうのか。それは「輻射熱」という電磁波で発生する熱が原因なのです。

輻射熱といわれても、ピンとこない人も多い

でしょう。輻射熱は実はあちらこちらから出ている電磁波から発生するもので、最も身近なのは太陽の光です。

輻射熱とは、空気の有無に関係なく、物体に当たった電磁波が、振動エネルギーによって物体そのものに発生させる熱のことです。冬の寒い野外で、焚《た》き火に当たると顔が熱くなった経験をしたことがあると思います。この熱さは、電磁波が体に直接当たって輻射熱を発しているのです。ファンヒーターやエアコンから出てくる温風が体に当たって温かさを感じるのとは全く違います。

夏の暑い日には、コンクリートの建物に日差しが当たると、壁や屋根が太陽の輻射熱によって温まります。コンクリートは熱を蓄え、室内の物体に向けて電磁波を放射するのです。その場合、部屋の空気の温度がエアコンで下げられていても、ネコの体に輻射熱が発生して体温を上げ、熱中症を引き起こします。ネコにしばしば起きる都会型熱中症は、直射日光を浴びるわけでもなく、高温の室内にいるわけでもないので厄介なのです。

ネコは自身で熱を発しますが、その熱は空気中に放出されます。エアコンがかかっていても室温が25℃を超える場合、ネコの体からの熱の放出は滞りがちになります。そんな状態でコンクリートからの電磁波がネコに当たり続ければ、次第に輻射熱がたまって、発病の経過をたどることになります。

私の経験では、熱中症になるネコは日当たりの良いマンションのリビングルームで1日の大半を過ごしているケースが多いです。リビングは輻射熱を発生させる電磁波の放射が絶えることのない部屋と言えます。予防法としては、室温を下げることはもちろんですが、南の壁に太陽光を遮る物体を置くと良いと思います。一番良いのは、電磁波を反射するピカピカしていて、温まりにくい物です。日射は、南側の壁よりも西側の壁に多く当たっている場合もあります。次善の策として、ネコの居住空間を北側の部屋に移動することで、輻射熱から逃れることができます。

ネコの熱中症は、夏に晴れの日が4、5日続くと要注意です。老猫や慢性病を持ったネコの場合、体温が緩やかに上がりつつ血栓症へと移行します。急激な体温の上昇もなく、呼吸が苦しそうになるわけでもないので、見た目には熱中症とは分かりにくく、発見が難しいです。体内に輻射熱が発生し続けることで、食欲不振や、じっとして動かない状態になり、次第に弱っていくのですが、原因が分からないのです。

対処法はただ一つ。エアコンをフル稼働させて、室温を下げることです。ネコを北側の部屋に移動させて、室温を下げ、その場所だけ夏を終わらせるしか方法はありません。

最近、日本の夏の酷暑ぶりはひどく、亜熱帯地域と同じです。沖縄や香港となんら変わりないと考えてもいいのです。亜熱帯の都市では、室温設定は恐ろしくクールです。香港では夏場に毛糸の靴下が売れるそうです。年間を通して室温が一番下がるからなのです。

07 老ネコの冬の体温低下

ネコが自分のお気に入りの場所を窓際にしていることはよくあることです。しかし、冬の日には、そのお気に入りの場所は部屋の中で最も寒くなるので、老猫にとって危険な場所になります。

「温かいところが好きなネコは、わざわざ寒いところに行かない」と、誰もが思うでしょうが、なぜか病気を抱えているネコは寒い場所に行くようになります。しかもその場所で動かずにじっとしているので、次第に体が冷えてしまうのです。

日本の住宅の窓にはアルミサッシが使われているケースが多いと思います。このアルミサッシがネコの体温を奪うのです。アルミは熱を伝えやすい素材として知られています。その素材が窓枠に使われていることが、冬場に家の中が冷えてしまう大きな原因です。熱の電子線での伝わり方で家の中が冷えてしまうのです。

冷たい空気が窓の隙間から入ってきて、室内が寒いというのなら分かりますが、窓はしっかり締まっていても窓際にいると冷え冷えとするといった経験は日常でもよくあることです。建築家の立場からすれば、アルミサッシで室内が寒いことは当然で、窓ガラスを二重のペアガラスにして、枠組みもヨーロッパのように木や樹脂のような熱を伝えにくい素材にすれば寒さは防げるのですが、なぜか日本はアルミサッシなのです。

外気がもし2℃しかなければアルミサッシも2℃になります。2℃になったアルミサッシは、窓際にいる38・5℃のネコに2℃の電子線を送ります。ネコもアルミサッシに向かって38・5℃の電子線を出します。すると2つの物体はお互いの熱が均一

になるまで電磁波を放出しあうことになるのです。

当たり前のことですが、アルミサッシが38・5℃になることはありません。アルミサッシがその温度になる前にネコのエネルギーが尽きてしまうからです。この空気を介さない電子線の戦いはアルミサッシに軍配が上がるのです。

輻射による熱は常に高い方から低い方へ移動します。室温がいくら温かくても、アルミサッシの窓際はネコにとって危険な場所と言えるのです。ただこれは病気を抱えている老猫でなければ問題になることはありません。健康なネコは、そんなに体が冷える場所に長くとどまることはないので、心配ないのです。

08 米国の獣医と日本の獣医

獣医の働く場は多数ありますが、ここでは、犬やネコの診療をする臨床家の比較をしましょう。獣医を比較するためには、病院の規模の違いを語る必要があります。

昔の動物病院といえば獣医師と奥さんの夫婦で経営しているケースが多かったのです。町の床屋さんや八百屋さんと同じようなものでした。患者さんとの距離も近くコミュニティ（地域社会）の一員という位置づけで、のんびりと、気張ることなく診療していました。

そういう時代はいつの間にか過ぎ去り、動物病院に人々が殺到するようになると、病院を増築して診察室を増やし、複数の獣医を雇い入れて、来客に対応するようになります。

一日中働いて経済的に余裕ができると、自分がプロフェッショナル（専門家）である自覚が芽生え、獣医療をビジネスとして捉えるようになります。動物病院の獣医師がいつの間にか動物病院の経営者になり、獣医師としての成功は病院経営の成功に変わっていきました。

私が渡米した1995年ごろ、日本の動物病院はみんな小さな八百屋さんみたいなものでした。対してロサンゼルスでは、動物病院はそれなりの組織として存在していて、そこで働くスタッフは獣医師からセクレタリー（秘書）に至るまでプロフェッショナルとして働いていました。スタッフたちは、より良い条件で雇ってくれる動物病院にたやすく移動していました。仕事はきちんとこなすけれど、時間で縛られることはなく、労働法に基づいてビジネスマンとして働いていたのです。

この光景は、私には進んだ最新式の理想組織に見えました。「動物病院はこうあるべきだ」と、今までの概念が崩れていくように思ったものです。

ロサンゼルスで獣医師を雇うなら、新人でも、ハイウェイパトロール（交通警察）の警官と同じ給料を払う必要がありました。安くはない給料を払うために、経営者はより多くの患者を集めないといけませんでした。自分で経営して、診療もするので手一杯になります。病院のマネジャー（管理者）も雇わなくてはなりません。掃除もスタッフには負担になるので、掃除を請け負うクリーニングレディを雇います。人が増えてくると、病院が手狭になりますから新しく広いテナントを探さなくてはなりません。病院を大きくしていきたい訳ではなくても、そうしないと生き残っていけない状況に追い込まれているようでした。

元々医療という仕事は、プロフェッショナルというよりも、教育や宗教、政治に近く、奉仕の精神が欠かせません。「プロフェッション（人のために尽くす専門職）」といわれる類いのものです。それが規模の問題でプロフェッショナルに変わり、いつの間にかビジネスとして働くようになってしまいました。

今の日本の動物病院にも昔の面影はないと思います。近所の「怖い獣医さん」なんていうのは昔話になってしまいました。具合の悪い犬を連れていくと、「ちゃんと世話をしないからこんなことになるんだ」と飼い主を叱るようなプロフェッションな獣医さんはもう天国に行ってしまってこの世に残っていません。

企業として経営されている動物病院がこれからどうなるのかは、行き着くところまで行かないと分かりませんが、利潤を追求し続ける以上、矛盾という壁にはぶち当たると思います。今、変化の時期に来たということだけは確かです。

09 米国の飼い主と安楽死

人間の世界ではマイナスのイメージがある「わがまま」や「孤独」を、自在に操っているように見えるネコに魅力を感じる人は多いと思います。群れない生き方に憧れを感じ、寝ているだけのネコが立派に見えたりします。飼い主がネコを愛するポイントの共通点は数々あるのですが、米国と日本を比較した場合、一つだけ決定的な違いがあります。

「安楽死」を選択するかどうかです。私が経験したことから、両国の死生観の違いを読み取っていただければと思います。

日本の飼い主は死をとにかく避けようとします。自分のネコが死ぬなんて、「そんな縁起の悪い事は考えません」と話すことでしょう。しかし、ネコにも必ず死は訪れます。大切なことはどんなふうにして死ぬかということなのですが、死を意識したことがないので、自分のネコが病気で苦しむ場面に直面しても、安楽死を選択することはほとんどありません。

反対に、米国では飼い主の多くは、癌《がん》であれ腎不全であれ、死が近く訪れることが分かっている場合、治療より安楽死を選択します。ネコの死因として一番多いのは慢性腎不全ですが、日本なら食欲がなくなると、点滴をしてなんとか延命します。しかし、米国では食べなくなると「もうお別れの時期が来た」と判断して、安楽死を選択することがよくあります。

これは慢性腎不全のネコが尿毒症になって食欲がなくなり、やがて脱水症状を起こして目が落ちくぼんでいく様子を見た経験がある人が選択する道であって、ただ治療が面倒で嫌がっているのではないと思います。慢性腎不全の治療には、時間とお金がかかりますし、治るわけではないので、治療が死ぬまで続くというジレンマがあるのです。

動物病院での安楽死は、診療の最後の時間に行うことが多く、飼い主の目の前で麻酔を注射して心臓を止める方法が取られます。これは儀式のようなものです。獣医師は薬を静脈に投与されて動かなくなったネコの胸に聴診器を当て、心臓の音がしないことを確認した後、「Ｈｅ ｉｓ ｇｏｎｅ」（亡くなりました）と、飼い主に告げるのです。

それまで緊張で気が張っていた飼い主は、この言葉で一気に崩れ落ちるように診察台のネコに覆いかぶさって泣き崩れます。私も立ち合ったことがありますが、とてもつらいシーンでした。

飼い主は散々泣いて、ティッシュを箱ごともらって帰っていくのですが、ネコは連れて帰りません。これには初め、さすがに驚きました。ネコの亡骸は黒いビニール袋に詰めて、バックヤードのフリーザーに入れられ、死体回収業者がやってくるまで保管されます。セレモニーが行われることはまずありません。

日本では、亡骸《なきがら》を置いていくことはまず考えられません。米国ではなぜ置いていくのか、あえてこの事象を解説すれば、ネコの魂と体は別物であると考えるのでしょうか。死んだ時点で、体は魂が脱いだ服のようなもので意味のないもの、という理解なのかもしれません。

それでも、愛猫の体に未練を残さないことには、文化の違いを感じるしかありません。

10

動物病院とネコ専門病院

ネコの専門病院は米国で生まれました。ヨーロッパではなく米国の獣医師たちの中から自然発生的に出てきたという事実は興味深いです。なぜ米国で誕生したのかというと、巨大化していく獣医ビジネスが社会の背景にあったと思われます。

具合の良くない愛犬や愛猫を病院に連れていって治療を受けさせたいという思いが、動物病院を生みました。それまで獣医の本来の仕事は家畜の治療だったのです。

獣医といえば、イギリスのジェームズ・ヘリオットが有名です。作家でもあった彼の小説には田舎の町で家畜や犬猫を治療するエピソードが描かれています。動物と人々の交流が心をほんわかさせるお話です。動物病院は小さく、ほとんどワンオペで、

そんなに儲からないけど、食っていけないほどでもない、ちょうどいい具合が心温まる物語を醸し出しています。

第2次大戦後、米国の経済は巨大化していきました。動物病院もその恩恵を受けながら、規模の拡大を続けました。都市部ではもうヘリオット先生のような獣医はいなくなり、たくさんの診察室、たくさんの獣医、たくさんのスタッフが、たくさんの犬猫を効率よく診察する大きな病院になっていきました。

ペット市場が拡大するに従って、獣医療のシステムも細分化され、人間のように外科と内科に分かれ、さらに手術の専門医、癌《がん》の専門医、エマージェンシー（救急）専門医、画像診断の専門医まで登場しました。

そんな背景の中で、ネコ専門病院が生まれるのですが、それまで犬が主な患者だった動物病院から、犬を抜いてしまって経営できるのか疑問視する声もありました。一方で、その当時はどこの動物病院も繁盛していて、ネコだけでも経営できるだろうという楽観論もあったのです。それでも恐る恐る大都市で、ネコだけを相手にする病院を始めてみたのが、当事の獣医の実感だと思います。

私が師事したドクター・トーマスは、ボストンの街中でネコ専門病院を始めたパイオニア的な存在です。この時代の経済の波に乗り、ボストンの病院は大成功しましたが、彼はあえてカリフォルニア州に移住することを決意します。

都会の生活に疲れてしまったことも一因だと思いますが、暖かい土地で暮らしたいという思いも強く、ボストンの病院を人手に渡して、2軒目のネコ専門病院としてカリフォルニアにT・H・E・CAT HOSPITALを開院しました。今までの動物病院の概念から外れたネコ専門病院で、優秀デザイン賞を獲るほど注目を集めました。

この記事を獣医雑誌で読んだ私は、ネコ専門という言葉に惹かれ、ドクター・トーマスに会いに行きました。ネコ専門医の意義を知りたいと思ったからです。全米から大勢の見学者が訪れており、ひと段落した時に、私は彼の研修を受けることを認めてもらいました。海辺の小さな町で動物病院をやっていた夫も、そこを閉めて米国に渡ってきました。

ドクター・トーマスは私にこう言いました。

「あなたがネコ専門病院をやりたいと思うのなら、あなたがキャットドクター（ネコ専門医）になりなさい。どんなに立派な病院があってもキャットドクターがいなければ意味がないのだから」

ネコ専門病院と動物病院の違いはこの一言に尽きます。

私は、帰国後、キャットホスピタル、つまりネコ専門病院を開きましたが、思いもよらないアクシデントで閉鎖を余儀なくされました。次にやっとの思いで開いた第2のキャットホスピタルは規模が小さくなってしまいましたが、彼の言葉をしっかりかみ締めて、キャットドクターの道を進んできました。楽な道ではありませんでしたが、頑張ってこられたのは患者さん（ネコの飼い主）に支えられたからこそだと思っています。

今はっきり分かることは、患者さんが自分のことをキャットドクターであると認めてくれることこそが、自分にとって本当のキャットドクターの証であり、私の働く場所がネコ専門病院なのだと思うのです。

11 ネコの訴えを妨げる飼い主の嘘

人間が人間を診療するのが、人間の医療ですが、人間が人間以外の動物を診察するのが動物の医療です。

獣医は、動物を助けているといえば確かにそうなのですが、異種間の医療は問題が山積みです。人間が診察を受ける場合、まず医者に自覚症状を告げます。ここが痛いとか、あそこが痛いとか、まずは症状を話すことから診察が始まります。

動物は当然話せませんので、飼い主が代わりに症状を獣医に告げます。吐く、食べない、動かない、下痢をしているなどと話すのですが、「吐く」という症状だけでも実はいろいろな原因があります。

人間だったら、吐く症状が出ている場合、間違いなく気持ちが悪くて食欲もない状態だと思います。しかしネコの場合はそのような場合だけではないのです。

「ガッと食べて、グワッと吐いて、それからまた食べる。こんなことを毎日繰り返しています」と飼い主は話します。そんな人間は絶対にいないと思います。

そして、飼い主の話は大概こう続くのです。

「胃が悪いのでしょうか?」。ネコは太っているし、そんなガッと食べるぐらいですから胃に異常があるとも思えません。

「実は、近くの病院にずっと通っていて胃の薬をもらって飲んでいるのですが、一向に吐くのが治らないのです」。このような症例はしばしば経験します。お腹を触診してみると案の定、便が大量にたまっています。

「ウンチは出ていますか？」と聞いてみると、「コロコロしたのが毎日出ています」という返事でした。

もしネコが話せるなら、医者にまずこう告げるはずです。

「便が出にくくて、便秘しています」

つまり、ネコは便秘で苦しんでいて、結腸には常に大量の便を抱えています。それでもなぜか食欲旺盛で、ドライフードをもりもり食べて胃が膨れると、肥満していることに加えて便秘でお腹がパンパンになり、物理的に圧迫されて吐いてしまうのです。

便秘の治療がうまくいくと、このネコの嘔吐はなくなりました。飼い主のいう嘔吐の症状と、ネコ本人が訴えたい症状は違っているのです。

ネコから直接話が聞けないので、ネコの体を診て、飼い主の話を聞いて、推理小説のように診察していくことになります。

人間の患者のように、ネコが体裁や都合で嘘をつくことはありませんが、飼い主は自分の体裁を保つために、しばしば嘘をつきます。

「お電話では昨日から食欲がないということでしたが、一昨日は何をどのぐらい食べましたか」

「一昨日ですか、えーと食べていませんでした。その前の日もそうですね。食べてなかったです。記憶違いでした」

「では本当は何日ぐらい食べない状態なのでしょう」

「すいません。実は3日食べてないです」

照れくさそうに言うのは人間の飼い主なのです。

12 医師と獣医

医師は私たちの生活には欠かせない特別な職業といえます。獣医も対象が動物ですが、頼りにされる職業です。一般的によく目にする獣医は、動物病院の獣医です。獣医大学で6年間学んで、国家試験をパスして獣医になっています。この辺りは医学部と同じですが、対象が動物なので、それぞれの種類の病気を学ぶと同時に医学の基礎も学ばなくてはいけません。

薬理学や生理化学、解剖学については、犬、ネコ、山羊、鳥、牛、豚、馬が対象になるので、盛り沢山になり過ぎることは否めません。それでも動物好きという本性が、好奇心をかき立ててくれるのです。

医学部の講義を受けたことはありませんが、大学の様子は随分違うのではないかと思っています。医学部には必ず付属病院が隣に立っています。相当に大きなものでたくさんの人が毎日出入りする機関です。獣医学部にも付属の動物病院があり、東京近郊の大学ではそれ相当の施設ですが、さすがに人間の大学病院の規模とは比べものにはなりません。

都市部で診察するのは、犬やネコがメインですが、地方の獣医学部では家畜としての牛や馬が主だった対象になりますので、病院というイメージではなく、牧場の施設みたいに見えるでしょう。

根本的に獣医は医師とは別物です。人間が好きだから医者、動物が好きだから獣医になるという訳でもなく、医師は、広く社会に貢献できる優秀な人材が医学を通じて就く仕事であるのに対して、獣医は、社会貢献のためというより、動物に魅力を感じる人間が子供の頃から生き物に寄り添ううちに獣医になってしまったというケースが多いように思います。

イギリスでは獣医大学に入るには、動物好きかどうかが重要視されます。畜産に関わる仕事の家の子であったり、獣医の子であったり、これまでの人生で動物といかに関わってきたのかが獣医師になる資質として問われます。ですから、勉強に自信があるからという理由だけでは獣医大学は受け入れてくれません。

確かに獣医という仕事を自分の人生に取り入れて続けていくには、「動物バカ」な若者でないと務まらないかもしれません。

いま獣医学部の入試偏差値はかなり高い水準になっています。昔と比べると、とても狭き門になってしまいました。ある医師に言わせると獣医学部の偏差値はインフレ状態にあるようです。

普通に考えると、獣医になりたい人が多いから、獣医学部の人気があるのだろうと思うかもしれません。しかし、獣医学部に入学した学生の内訳を見ると、はじめから獣医になろうとして人ばかりではなく、医学部を目指していた人たちが獣医学部に流れ込んできています。

獣医学部も多くありませんので、医学部第一志望者を全て受け入れることはできず、医学部の滑り止めとして、獣医学部の偏差値が上がり、熾烈《しれつ》な争いが起きてしまいます。

優秀な若者が獣医になるのですから、いけないと決めつけることはできませんが、偏差値優先の選考が行われると、勉強はそこそこでも本当に動物が好きで、獣医としての資質に恵まれた人が獣医になれないという、悲劇が起きてしまいます。

私の患者さん（ネコの飼い主）の中にも実は獣医になりたくて、実際に受験したという人がたくさんいます。入学試験のハードルが高くて合格できなかったと聞かされると、こういう動物に優しい人が獣医になればきっと多くのネコたちに寄り添えたのに、と残念に思うことがあります。

私たちの時代にも医学部や歯学部を狙っていたけど獣医になっちゃったと言う人は少なからずいました、しかし今はもっと多くの割合を医学部第一志望の人たちが占めていると聞きます。獣医学部の雰囲気も昔と今とでは随分違っていることでしょう。

第4章 比較してディープに知る

01

孤独に強いネコ、群れを作る犬

ネコと犬を生物学に基づいて比較してみましょう。全く違うことが分かっていながら、実際は共通する項目が多く、知らないうちに同一視してしまう存在の典型だと思うからです。

私たち獣医はネコと犬を同時に扱いますが、動物病院に患者としてネコが来たり、犬が来たりするのは当然のことで、獣医師はその度に頭のチャンネルを切り替えなくてはなりません。

ネコの医療が、犬を中心としていた獣医療から分離しようとしていた時代に、こう言われていました。

「ネコは小さな犬ではない」

まるで、ギリシャ時代の哲学者が話した言葉のようですが、これは米国のネコ専門医が言った言葉です。

私が師事したネコ専門医のドクター・トーマスはさらにこんなことも言っていました。

「ネコは犬がいると診察しにくい」

彼は、ネコを診察するにはそれに見合った環境を用意する必要があると考え、カリフォルニア州のロサンゼルスにネコ専門の病院を作りました。そこは「飼い主もネコも共にリラックスできる環境」というスローガンのもと、一見すると病院とは思えない空間でした。

私たち獣医師はそれまで、ネコと犬が、「たぬき」と「ライオン」くらいかけ離れた動物であることを知っていながら、同じ空間で扱ってきたのです。

生物学的に、犬は狼を祖先にした雑食動物であり、ネコは肉食動物です。また、生活環(ライフサイクル)は群れを作る動物である犬に対して、ネコは群れどころか夫婦でも一緒に暮らさない単独の生活を好む生き物なのです。

従って上下関係という群れ社会のルールはありません。母子関係だけが生後6カ月ぐらいまで続きますが、きょうだいとの関係も成猫になる頃には終わり、一匹で生きていくのです。孤独であることに強く、群れのしがらみからは無縁に生きる完璧な生き物です。

もう一つ、以前ある人から教えられた高僧のような言葉があります。

「人間は身近に犬とネコを置いてきた。人は犬になってもいけないし、ネコになっても駄目なんだ。その間を生きていかなくてはならない」

これは含蓄のある言葉です。時として、人間は犬のように忠実に生きることができるし、ネコのように他を排除して生きることもできますが、その中間を、ほど良い塩梅で生きることに難しさがあると言えます。

人間として時々自分が犬とネコのどちらに寄っているかを、自覚しながら生きる必要があると思います。

02 人間が食べない家畜の代表、ネコと犬

「家畜学」というと、一般の人には耳慣れない言葉ですが、ネコも犬も実は家畜です。

牛馬豚鶏が代表的な家畜ですが、人間が食べない家畜、食用を目的としない家畜の代表がネコと犬なのです。

家畜は英語で、ドメスティックアニマル。人間の管理下で飼育され、その目的を果たすことが必要とされる生き物です。ネコや犬は何を目的として家畜になったのでしょうか。

使役動物として最も分かりやすい家畜の馬は、肉を食べることもできますが、物を運ぶ道具としても大切な存在でした。乗ってよし、引っ張ってよしの人間の生活には欠かすことのできない生き物だったのです。しかし、蒸気機関が発明され、エンジンが普及して以降、その役目はほとんど奪われてしまいました。

犬は今のペット化された状態からは想像しにくいのですが、使役動物として家畜化された歴史があります。当初は危険を知らせる用心棒でした。寒冷な地域では犬ぞりが移動の手段として使われてきましたし、何よりも狩猟にはなくてはならない動物でした。

また牧羊犬として羊の群れを追い込んだり、カウボーイと共に牛を移動させる際にも役立っています。これは犬の持つ運動能力もあるのですが、「しつけ」ができる動物であるということが大きな要因です。さらに高度な訓練を受けると、警察犬や盲導犬、麻薬取締犬にもなります。攻撃にも適している犬種となると、軍用犬まで、その活躍は広いジャンルに及びます。

さてネコはどうでしょうか。何の目的で飼われていたかというと、ネズミを捕るという本能を生かして、家や倉庫からネズミの害を防ぐためだったのです。

しつけることはなく、ただそばにいてくれれば良いと言う家畜で、使役でもなく食用でもなく、好きにしていれば良い特別な存在なのです。

「小さな用心棒」でもありますが、本職の用心棒は犬の方が適しています。犬はネズミを敵としてみなしませんが、仮に、犬がネズミを捕ってくれていたら、ネコの出番はなかったでしょう。そういった意味で、ネコはニッチな仕事を上手く探して人間社会で職を得たようです。

ネコは家畜の面も持ち合わせていますが、野生の部分も多く残しています。ネズミを捕る行為は「食べる」という行為以上に「殺す」という本能を表現しています。

犬にも殺す本能は狼時代から持っていますが、それを表面に出した仕事を与えてしまうと人間が危険にさらされるので、その本能をそげ落とすことが家畜化の最も重要なポイントになっています。つまり、人間が攻撃の対象にならないこと、飼い主は常にボスでなくてはならないのです。これは人間にとって結構大変なことで、会社では上司が部下の前で常に威厳を持ち続けなくてはならないことに似ています。

一方、ネコを社員に例えると、毎日の出勤が条件なのですが、仕事はネズミ捕りなので、特に上司が指示する必要もありません。好き勝手にさせておけば良いのですが、居心地が悪いとすぐ他の会社に移ってしまうので、上司は変に気を使わなくてはなりません。こんな社員は人間社会には適していないといえます。

03 品種ネコと自然に生まれたドメスティックキャット

品種ネコとは、英語で「ブリードキャット」または「ペディグリーキャット」と呼ばれ、人為的にオスとメスを交配させた結果、生まれてくるネコです。ブリードとは人為的交配、ペディグリーとは選択したという意味で、「人為的に選んだオスとメスを交配して生まれてきたネコ」と定義できると思います。

私たちが街中などで、よく目にするいわゆる普通のネコはドメスティックキャットです。「ノンペディグリー」とか「ノンブリード」とも呼ばれます。人間が関与しない自由な交配によって生まれたネコで、自然に普通の状態で生まれてきたネコです。

ドメスティックキャットと品種ネコの誕生の経緯は、人間で言えば、「自由な恋愛」と「封建時代の政略結婚」くらいの違いがあります。

ネコの品種でよく耳にするのは、アメリカンショートヘアとか、ペルシャ、ロシアンブルーといったところではないでしょうか。

アメリカ、ペルシャ、ロシアと地名がついているから、その土地で代々暮らしてきたネコではないかと思う人もいるかもしれませんが、そういう訳ではありません。ビクトリア時代のイギリスで「選択的人工交配」により産出された品種ネコなのです。「種」という言葉が出てくるので動物の種類を連想させますが、あくまでも家畜の品種であり、動物種とは別のものです。この品種は人間に例えると「家系」のようなものです。品種ネコは、その家系以外からは結婚相手を選ばないことで維持されていきます。

例えば、「佐藤さんは佐藤さんとしか結婚できない」というルールを決めた感じで、ロシアンブルーはロシアンブルーとしか交配しない取り決めになっています。もしロシアンブルーの父が、その辺のドメスティックキャットを母として交配しても、その子供たちはロシアンブルーを名乗ることは許されません。

その子たちの種類は「雑種」になるのでしょうか。実はこの雑種という言葉も生物学的には正しくない表現で、本当の雑種は異種間同士の交配により生まれた動物で、ラバが有名です。ラバは、父親がロバで母親が馬。ラバは繁殖能力がなく、ラバ同士で子供は作れません。両親の優れたところを持つ雑種強勢といわれます。

話をネコに戻しましょう。

品種ネコが「別種のネコなのでは」と誤解されやすいのは、その容姿にもあります。ロシアンブルーはみんな判で押したように同じ色形をしています。人間の場合、皮膚の色で分ける考え方があり、人種と言いますが、黒人と呼ばれる人たちは、褐色の皮膚を持ちながらもその容姿はさまざまですし、褐色の皮膚の色にも濃淡の違いがあります。遺伝子にばらつきがあるからなのです。ロシアンブルーのように「家系」内だけで交配を繰り返した結果として、判で押したように同じような容姿になるということは、遺伝子のばらつきが少ないことを示しています。

遺伝の話になりましたが、ここでお話ししたかったことは、「品種ネコ」と呼ばれるネコでも動物としては異種間同士の交配ではないので、ドメスティックキャットと同じ種類の「家ネコ」なのです。

04 外来動物とネコ

外来動物といえば、外から入ってきて在来の固有種を駆逐しながら繁殖する動植物のことを指しますが、「ネコも外来種だ」と指摘する学者たちもいるのです。

本来なら日本にいないブラックバスという淡水魚は、ルアーでの釣りに適していて、北米では人気のある魚です。この魚釣りを日本でも楽しみたいと考え、生きたまま連れてきた人がいたようです。自然の池に放してみると、期待に沿ってその環境で生き抜いて繁殖しました。釣りを楽しむ人にとっては、ブラックバスが日本に馴染んでくれて喜ばしいことだったのでしょうが、近年、「環境破壊が起きた」と言われるようになりました。

ブラックバスが繁殖した湖や池で、昔から生息していた鮒《ふな》やわかさぎが食べられてしまっているというのです。全ての魚を食い尽くすわけでもないのですが、環境に影響を与えたことには違いなく、環境保護という観点から、ブラックバスを放流することはもはや禁じられています。

ネコをこの例と同じように考える人は、日本にもともと住んでいた鳥やリス、昆虫などを食べることで環境を破壊していると主張しているのです。

ネコは、地中海からアジア中央部にかけて生息しているリビアヤマネコが家畜化された動物です。家畜化されたのは9500年前。そのネコが人間の手によって次第に世界に広がっていきました。

日本にやってきたのは平安時代。貴重な生き物として仏典とともに渡来したとされています。この時点では確かに外来種ですが、それから千年もの月日が経っています。日本人の元になる人たちだって1万年ぐらい前の縄文時代にやってきたとされているので、外来種になるのではないかと屁理屈をこねたくもなります。

ネコは外来種とは言えないでしょう。なぜなら、ヤマネコのように人間の環境から離れて独自に繁殖して生存している訳ではないからです。

ネコたちは人間の住居地域で一緒に住んでいます。ネコは一種の家畜になっているので、人間の居住区を離れて生きていくことはできないのです。野良ネコの自然繁殖も一部地域で起きていますが、これは人間に関わりながら生活している野良ネコにだけ起きていると認識しなくてはなりません。

例えば、リビアヤマネコが人間の生活とはまるで関係なく、秩父の山中でウサギ捕食して繁殖しているというなら、それこそ外来動物で、環境を破壊していることになるのでしょうが、そんな事実はないということは明白です。

05 野生動物と家畜

家畜とは、元は野生だった動物を飼い慣らした動物と定義することができます。

例えば、豚ですが、野生の猪を飼うことから始めて、人工的に繁殖を繰り返した結果、今のような姿になったわけです。猪に比べて頭は小さくなり、全体の肉づきが良くなっています。そして、何よりも性質が大人しくなったのが大きな違いです。猪が山から町に出てきて突進して自動車にぶつかったといったニュースを耳にすると、その大きな違いが分かると思います。

馬も牛も家畜として、野生の動物を飼い慣らしたものですが、これらの動物の元となったターパンやオーロックスはもう絶滅していて現存していません。

犬は狼が家畜化されたもので、ネコはリビアヤマネコが家畜化されたものです。家畜は人間が作り出したとはいえ、無から作り出すわけではないので、元になった動物は必ずいるのです。

家畜化に成功していない野生動物は飼育することが大変難しく、動物園では特別な飼育方法を駆使して動物を生かしています。飼育コストは驚くほど高く、トラは年間の餌代だけでも百万円以上かかるそうです。肉を大量に食べるのですから仕方のないことですが、トラの家畜化はとてもできそうにはありません。

家畜化できた動物は、本来人間と食べ物を共有する動物ではありません。つまり人間の食べられないものを食べてくれるからこそ家畜として成り立つのです。

牛はもともと草を食べて、人間に乳やその体を食肉として提供してくれていました。近代になって、牛の食べ物は、草から飼料に変わってきました。穀物を食べるようになったのです。小麦のような穀物は、本当は牛の食べ物というより人間の食べ物です。それをわざわざ牛用に作って食べさせるようになったのは、経済的に成り立ってしまったからだと思います。

ネコもトラと同じ肉食動物ですから、肉を食べますが、ネコが家畜化できたのは、人間が食べない肉を食べていたからに他なりません。その肉とはネズミです。人間としては、穀物を食い荒らすネズミをどんどん捕って食べてください、という立場です。その代わりに居心地の良い寝場所を提供します。これがネコとの契約なのです。

家畜は人間の奴隷ではないと思います。人間が生きる上で必要なことや物を利用させてもらう動物ではありますが、相互に結んだ契約があるはずなのです。

野生動物は人間と契約しなかった生き物です。人間に飼われても幸せになれないことを知っている動物ともいえます。彼らに必要なのは人間ではありません。環境が彼らを生かしてくれます。野生動物を守るには、環境を変えずに守っていくしかないでしょう。

06 拾ったネコと買ったネコ

今、私の病院には買ったネコと拾ったネコが半々ぐらいの割合で来ています。

拾ったネコといっても、ほとんどの場合、本人が拾ったわけではなく、誰かが拾って、数々の人の手を経て今の飼い主に落ち着いたというケースです。

昭和の頃は、ネコは拾うものだと思われていたし、実際そういうケースがほとんどでした。動物病院に連れてこられるネコは、茂みで泣いていた子ネコや、道路でうずくまっていた車に潰される寸前の子ネコだったりしたのです。動物病院の前に子ネコが入った段ボール箱が置かれていることも稀《まれ》ではありませんでした。心ある獣医さんは、そんなネコたちに新しい飼い主を探そうと尽力し、病院の扉に「子ネコいます」と貼ったりしていました。

私たち夫婦が勤めていた米国カリフォルニア州のキャットホスピタルでは、入り口の横にショウケースのような子ネコが入ったブースがあって、病院の前を通る人がのぞき込めるような作りにしていました。公的な機関ではなかったのですが、拾われてきたネコを獣医が健康チェックしてアドプション（養子縁組）していたのです。無料ではなく、飼い主になる人がメンテナンス料金として、ワクチンや駆虫、ノミのケアなどの実費を払う仕組みでした。1995年ごろの話ですが、ペットショップでネコは売っていませんでしたし、キャットホスピタルのような所からネコを譲り受けることがちょっとしたステータスでもあったのです。

逆に、ネコをお金出して買ってきたとなると、病院のスタッフからは変な目で見られていました。飼い主は「ｍｅａｎ（嫌な奴の俗語）」とか、バックヤードで陰口を言われて、会計もぞんざいにされていました。その当時のリベラルなカリフォルニアでは、ネコは成金に対抗するアイコンであり、働く女性のシンボルでもあったのです。

今の日本では、ネコを買うのは簡単なことです。ペットショップは都会にたくさんあるし、ネットでも買えます。ホームセンターやショッピングモールでも売っています。買ってきたネコには大概品種の名前がつきます。スコティッシュフォールド、アメリカンショートヘアなどいわゆる血統書つきのネコのことです。

米国でネコを買う人を「ｍｅａｎ」と言ったのは、飼い主が経済的に裕福であることを自慢する風に見えたことにあります。実際、シンガプーラーを連れてくるジュエリーデザイナーがいたのですが、彼は商売で成功していてお金持ちで、ネコにダイヤの首飾りをつけていて、自分も身体中キラキラさせ、輝かしい人生をこれでもかと表現しているようでした。

では今の日本で、品種ネコを買ってきた飼い主がそんな風であるかというと、そういうわけではありません。中にはローンで購入する人もいて、日々の生活もカツカツだと話しています。なんで買ったのか不思議に思うのですが…。買った途端に健康問題が起きたりして、こちらも気の毒にさえなるのです。

この風潮にはちょっと違和感がありますが、ネコとの暮らしに幸せを求めた行為を誰も批判はできません。

07 家畜とペット

「ペット」をどのように定義するかによって、家畜との違いがはっきりします。仮に、豚をペットとして飼っている人がいたとしたら、その人の目的は、豚を太らせて食べることではなく、末長く豚の寿命まで飼い続けることになるでしょう。豚をペットとして飼うのは、かなり困難を伴うでしょうが、やり遂げる人がいても不思議ではないと思います。

ただ、一般的にはペットとして飼う動物は限られています。食肉を目的としない動物であり、野生動物ではないことを条件にすると、そのほとんどは犬とネコになるでしょう。

家畜である牛をわが子のように可愛がり育てて、食肉市場へ出すというケースがあるとすれば、なかなか理解することができないのですが、そういう心理もありうると思います。なぜなら、家畜である動物たちを死の直前まで苦しみも恐怖も感じない環境に置かれなければならず、ある意味慈しんで育てていることになるからです。

実際は数多くいる家畜たち一匹一匹を手塩にかけて世話してゆくことは難しいかもしれませんが、少なくとも虐待のような苦痛を与える行為はしてはいけないし、禁じられています。同時にペットとして飼われている動物たちも、痛みや飢餓にさらされてはならないのです。

こう考えると、ペットの定義は「人間と暮らして心を通じ合わせることを目的とした家畜の一員」ということになると思います。もし、犬を生涯にわたって綱に繋いで飼ったり、ネコをケージに入れっぱなしで飼っていたりしたら、その時点でペットとして扱っているとはいえません。

しかし、多くの家畜は十分に動くことのできない環境で肥育されたり、卵を産んだりしてその生涯を閉じています。私たち人間の目から見ると、家畜よりペットの方がずっと幸せに思えてしまいます。ペットであれ、家畜であれ、苦痛を伴わない生活をさせることは当然ですが、ペットにはさらに人間と暮らす喜びを感じる環境を用意する必要があるのです。単に苦痛のない生活と、喜びを感じる生活では、ずいぶんレベルが違うように思いますが、それは「家畜の目的の違い」と理解する必要があります。

食肉が目的とされる家畜でも、その動物として生まれてきた幸せを感じることができる環境で過ごせれば、それに越したことはありません。

実際、鶏には「どれぐらい広い飼育場所で暮らしていたか」を評価する基準があり、商品価値としてその肉の値段が変わってくるのです。より幸せに暮らしてきた動物の肉の方が高く売れる社会に変わり始めていると実感しています。

食肉を生産する業者側としては、コストを抑えるためにいろいろな努力と工夫があるとは思いますが、コスト削減のために家畜を不幸にしているとしたら、食べる側も安ければいいという時代ではなくなってきていることを理解してほしいのです。

08 「好奇心」で通じ合う人間とネコ

ネコと人間が惹《ひ》かれ合うのは、ものすごい相違点と信じられないような共通点のギャップがあるからではないかと思うのです。

相違点を挙げればキリがありません。体つきや習性が違うのは当然です。違う種なのですから。肉食動物であるということも、人間の私には想像できません。捕ってきたネズミを食べるときの心境を教えてもらいたいものです。

これだけ人間と違うのに、心が通じ合うのはなぜなのか。精神構造のどこかが人間と重なるのかもしれません。一つにはネコの持つ「好奇心」が人間と共通するようです。

私たちが何か始めると、ネコが興味を持って、のぞきこんできます。「何をやってるの?」という感じです。

他の動物にも好奇心があるかというと、私は「ないのではないか」と思っています。好奇心とは、警戒心の反対にあるもので、野生に生きる動物には不要のものなのです。ですから、好奇心を持つ生き物は野生の世界では生き抜いていけないと思います。

そもそもネコがなぜ好奇心を持つようになったのかを推測してみましょう。ネコはリビアヤマネコが家畜化されたものですが、人といるのを嫌がるリビアヤマネコを捕まえてきて慣らしたとは思えません。野生のリビアヤマネコの中でも、なぜか好奇心という野生には向かない精神を持った個体がいて、それが好奇心に操られて人間に寄ってきたのではないかと想像するのです。そんな特殊個体のリビアヤマネコが今のネコたちの祖先となり、人間と共に暮らしてきたのではないかと思っています。

野生動物としての弱点が、人間と結びつけるきっかけになった。致命的な弱点を持つリビアヤマネコが人間と暮らすことでその弱点をカバーしたのではないでしょうか。なんだかすごいことです。ネコは家畜化されたのではなく、自ら家畜となったことになります。

生物には寄生とか共生とかちょっと変わったことをする種類がいますが、ネコは人間に寄生したわけでもなく共生したわけでもないようです。あえて言えば、「お邪魔している」みたいな雰囲気を感じます。居心地が良い間はお邪魔させていただきますみたいな感じです。だからいくら長い間一緒に暮らしたとしても、居心地が悪くなれば、なんの未練もなく去っていってしまいそうです。

西洋には「好奇心がネコを殺す」ということわざがあります。昔見た映画にこんなシーンがありました。ある組織に関わってしまった主人公が、次第に組織の秘密を知るようになり、さらに探ろうとしますが、何か決定的な証拠を見つけたところで、ボスに見つかってしまいます。その時、ボスは拳銃を突きつけてこう言います。

「好奇心がネコを殺す」。そのあと主人公がどうなったのかは、ご想像に任せます。

いずれにしても、私がこのことわざを使うことは一生ないと思っています。

09 ネコの飼い主と犬の飼い主

動物好きには犬もネコもないと思うかもしれませんが、獣医の立場から見ると、犬の飼い主とネコの飼い主では動きも服装も話し方も違うものなのです。

これは特に診察室という条件での比較ですから、性格うんぬんの話ではないのですが、まず犬の飼い主について話すと、元気に診察室に入ってくるのが特徴です。「はい、来ましたよ」という感じが出ています。テンションを上げて来るのは、やはり自分の犬が気に入られてしっかり診察してもらえるようにと思う心理の表れかもしれません。

対して、ネコの飼い主の方は、静かに入ってきます。声も小さいことが多く、気がついたら近くに立っていた、なんてこともあります。

服装についていえば、犬の飼い主はアウトドア風です。犬の散歩でも着ている服装なのでしょう。風にも雨にも負けず、毎日歩いてきた自負を感じさせます。ビニール素材が多いように思います。

対して、ネコの飼い主の方は、恐ろしくなるぐらいの割合で、普段着でやって来ます。

パジャマかと思うような服装の人もいます。居間からそのまま直通で来たという感じです。でも、だからと言って「おしゃれな人ではない」という訳でもないのです。むしろ普段はおしゃれでファッションにはものすごく気を使う人なのですが、なぜかネコを連れて病院に来るときには、家の中でしていた格好そのままで来てしまうといった感じなのです。

私が東京でネコの病院を始めた頃は、ネコの飼い主にはデザイナーがとても多く、時代とともにＩＴ関係の人も増えてきました。芸術関係とクリエイター方面の職業を持つ人にネコ好きが多いようなのです。ひょっとして散歩が嫌いなのかもしれませんが、部屋に籠《こも》りきって仕事をして、ネコを病院に連れてくるものですから、往々にして顔色も悪く不健康に見えます。

あるネコの飼い主に病院以外の場所でばったり顔を合わせる機会があって、声をかけられたのですが、随分バリッと決めた服装の人だなと思っても、誰だか思い出せません。名前を告げられて、ネコの名前まで言われて、やっと誰だか分かったことがありました。あまりの変わりように驚くばかりでした。きっと気合いを入れる場所は決まっていて、ネコといるときには気が抜けるというか、気を張らないようにしているのかもしれません。

犬の飼い主は全て一緒という訳ではなくて、犬種によって明らかに違います。チワワと

セントバーナードなどの飼い主では、見た目からして違います、つまり犬好きは犬全般が好きというよりも「何々という犬種が好きだ」とはっきり主張しています。

対して、ネコ好きな人は、ネコと見れば見境なく追いかけていきます。待合室で自分のネコをほったらかしにして、他の人のネコに興味津々な患者さんも多々見受けられます。病院を予約制にしないと大変なことになります。

10 肉食動物と草食動物

当然のことですが、肉食動物は肉を食べ、草食動物は草を食べます。この2つの動物は似て非なる存在だと考えるでしょうが、動物として根本的な共通点があります。

どちらも動物性のタンパク質を必要としているのです。そう言われると、「あれっ！」と意外に思いませんか。肉食動物が動物性タンパク質を求めているのは分かるけど、草食動物は動物性タンパク質なんて食べてないのではないか、と。

牛も馬も、肉は食べませんが、体はタンパク質からできていますし、子供を育てるお乳はタンパク質に富んでいます。この動物性タンパク質はどこからきたのでしょうか。草には含まれていません。手品のようですが、草からタンパク質を作り出しているのは、草食動物ではなく、その消化管の中にいる細菌なのです。細菌もその体はタンパク質でできています、草食動物は細菌を消化して栄養としているのです。

狐につままれているような話かもしれませんが、手品の種を明かすと、こうなります。草は炭水化物で、ほとんどが繊維です。その繊維を栄養にして生きていける細菌がいて、草食動物の消化管の中にはこういう細菌がいっぱいいるのです。草食動物は草を食べていますが、それは自分のためというより、お腹の中にいる細菌の餌として草を食べているようなものです。細菌は「草を餌にする」という表現をしましたが、正確

には「分解」という作業で増殖していきます。細菌はそれ自体がタンパク質なので、草食動物の腸内の酵素によって消化されて栄養となるのです。

　牛などには胃が４つありますが、その中には原虫という細菌と虫の間に位置する生物がいて、牛が食べた草を分解していきます。そして自らが牛の栄養となります。草食動物もタンパク質を栄養源としているという意味で、「肉食」とも言えます。草食の牛も、仔《こ》牛のころには母親から出るタンパク質の「おっぱい」を飲んでいます。このことからも分かるように、草食動物も生きていくためにタンパク質が必要で、それを大人になったら体内の細菌に作ってもらうようになるのです。

　最近は、草食動物ではなく、「植物食性動物」と表現するようになりました。私たちも植物を食べますが、その繊維質は全く消化できません。人によっては繊維を分解できる細菌を体内に持っている人もいるようですが、それでも草だけ食べていたら死んでしまいます。

　人類の主食となっている穀物は「植物の種」で、糖質をたくさん含んでいます。好んで食べられているのは小麦粉とお米です。これらには植物性のタンパク質も少し含まれていますが、ほとんどが糖質です。穀物は「エネルギー」にしかならないと認識して、別途、必要な栄養素を摂取していかないと生きていけません。

第5章
ネコと人、これまでとこれから

01 ネコは「炭鉱のカナリア」

昔、過酷な条件の炭鉱で働く人たちは、いつ酸素不足に陥るのか分かりませんでした。気がついたときには動けなくなり、逃げることもままならなかったのです。そんな死を防ぐために、炭鉱の中にカゴに入れたカナリアを持ち込んでそばに置いたといいます。カナリアは人間よりも酸素不足に敏感で、有毒なガスが発生しても、人間より早く死んでしまいます。カナリアが元気に動いていれば、その場所は大丈夫という「命の指標」になっていたのです。

いつの世でも人間の身近にいる動物を観察することは大切です。人間と動物が同じ環境に身を置いていて、動物に変調が起きていたら、人間にとっても何か不都合なことが起こっている可能性が高いのです。

水俣病はこの例として挙げられます。熊本県水俣市で見つかった公害病で、メチル水銀を摂取することで起きる神経病です。工場から近くの川に排出されたメチル水銀が、その川が流れ込む海の魚の体に蓄積し、その魚を食べていた人間とネコに症状として現れたのです。

当初ネコに症状が現れ、狂ったように暴れて死んでいく様子が気味悪がられていたのですが、その原因の追究は行われず、被害は人間にも及んでいったのです。

「メチル水銀が水俣病の原因」と突き止めた医師が実験に使ったのはネコでした。このような大きな規模の公害病は最近発現していませんが、ネコが私たちの「カナリア」になる可能性はこれからもあると思います。

ネコは化学物質の解毒が苦手で、食べ物に含まれる添加物にも敏感です。その添加物は人間の食べ物と共通するものもあります。高気密化された住宅の建材から出る化学物質はどのように作用するのか、1年中

外出しないでそこにいるネコに症状が現れるはずです。ネコは、知らないうちに実験材料になっているのです。

私はこれらの環境の影響を受けて、自己免疫疾患、またはリンパ腫に罹患するネコが増えているのではないか、と考えています。

水俣病の原因を突き止めた医師のようにネコを実験に使うことはしませんが、獣医としての経験と第六感が危険を教えてくれます。病気を見抜くのは医師の実力です。米国での研修で数多くの病気のネコを診てきた実績があり、何が正常なのか、何が異常なのか、身に染みて分かっています。「何かがおかしい」という警告音をネコから感じるのです。

ネコは犬や人間と違って、肝臓で解毒するグルクロン酸抱合ができません。体内に毒が入ってくることが想定されていない動物なのです。そして環境の悪化にとても敏感な生き物です。ネコは人間の生活環境を見張ってくれる存在であり続けています。

02

ネコの平均寿命は15歳？

「ネコの寿命はいくつぐらいでしょうか」

よく聞かれる質問ですが、実はよく分からないのです。全く分からないとも言えないので、「平均すると15歳ぐらいだと思います」などと答えていますが、この問題は非常に奥が深く、ネコの寿命が分かるなら、ネコの謎がほぼ解けるのではないかとも思っています。

15歳が平均寿命と話していますが、人間のように統計を取って記録する制度はないので、正しい数字を割り出すことはできません。ただ「何歳まで生きました」という情報はいっぱい入ってくるので、そこから推定していくことになります。ちなみにギネスブックの記録では、38歳まで生きたネコが存在するということです。この話には全く驚くばかりで、人間でいうと200歳オーバーになります。もちろん200歳以上生きた人間はいないことになっているので、ネコの38歳は飛び抜けた記録です。

この事実を科学的に考えると、ネコという動物がその年まで生きるポテンシャルを持っているとも言えるわけで、20歳まで生きたネコも、まだそのポテンシャルを残して死んでしまったことになります。ですから「ネコはどれくらい生きる生き物なのか」と聞かれたら、本来30年は生きる動物です、と答えなくてはいけないのでしょう。

私が診てきたネコたちの年齢ですが、最年長が26歳で、20歳まで生きたネコが4匹ぐらい。18歳以上となるとかなりの数を経験しています。

それでも病気を持ったネコにとって15歳の壁はかなりきついので、そのあたりの年齢を頂点と考えて、ネコの寿命ということにしています。ただ、正しくは15歳がネコの寿命ではなく、死亡するのが一番多い年齢です。多くのネコが本当の寿命の前に病気で亡くなっているということになります。

すべてのネコの飼い主が、自分のネコには寿命まで生きてほしいと願うことでしょう。

私は、ネコの寿命が一体いくつなのかという大きな謎を探りつつも、ネコたちに老衰で亡くなってほしいと考えています。

老衰で亡くなるということは、病気にならなかったということです。ネコにとっても、飼い主にとっても、一番幸せな生涯なのではないでしょうか。

03 老衰に向き合う

老衰というと、老化によって細胞の活性が鈍くなり組織が機能を果たさなくなることで、その状態のまま命が終わると、老衰死ということになります。

老衰死であれば「寿命まで生きた」とか「天寿を全うした」と言えるのですが、老化の状態も人それぞれで、老衰がいつごろ始まるのか、どのぐらい続くのかもよく分かりません。

人間なら一般的に60歳になれば老化が気になり出すとは言いますが、まだまだ老衰するには早すぎます。仮に老化が60歳で始まって、１００歳まで生きたとすると、人生の４割は老化した人生ということになり、何だか虚しくなってしまいます。

老衰のネコはあまり食欲がなく、餌を食べないというイメージがあるかと思いますが、私が診察してきた経験では、ネコは老衰しても食欲は衰えないと感じています。飼い主にどのぐらい食べたかを聞くと、「えっ、そんなに！」と驚かされることがしばしばありました。若いころと違って、バクバクとまではいきませんが、ゆっくり淡々と咀嚼《そしやく》して、鶏のささみを1本食べてしまう老猫もいます。

動きはゆっくりになるのですが、1日単位で観察すると、結構歩き回っていて、階段も上がったり下がったりしているのです。こういう状態を見ていると、老衰も悪くないなと思ってしまいます。診察に連れてこられて、飼い主といろいろ話しているうちに、診察台の上で寝てしまう老猫もいるぐらいです。

ネコが老衰の時期に入ると、今までとは明らかに違う生活ぶりになるので、飼い主はいずれやってくる死を自覚するようになります。それは、飼い主を悟りにも似た心境にさせるようです。綺麗《きれい》な夕日を見つめながら、寂しさとともに充実感が満ちてくるような時間を過ごすことになります。

実際は、老衰に入ってから死を迎えるまで、数年にわたることもあって、私はこの時間をなるべく長く保つ方法を模索しています。

便秘になってしまったり、冷えた窓際に行ってしまったり、夏の暑さに負けてしまったり、老衰のネコにはそれが死につながることがあります。特に医療によるストレスは老衰ネコにとって大敵です。必要な医療行為でも、過度になれば、それは死を招きます。

特に入院は、医療的には正しくてもネコの生きる気力をそぐことになるので、注意が必要です。慣れ親しんだ自宅で老衰死できるような環境を、死が訪れる数年前から築いていかなければならないと思っています。

おわりに

ネコ好きとネコ好き嫌い

私には25年にわたって考え続けてきたテーマがあります。ネコ専門医である私の前で「ネコが嫌いだ」と話す人の存在についてです。

世の中の人は「ネコ好き」と「ネコ嫌い」の2種類に分けられると思っていたのですが、それはどうやら私の思い違いで、実はほかにも「ネコ好き嫌い」、分かりやすく言えば、「ネコが好きな人を嫌いな人」がいるようなのです。

ネコの診療をしていると、どうしても病気以外のネコにまつわる話も聞こえてきます。その多くはネコにまつわるトラブルで、見かけはネコと人間のトラブルでも、その本質は人間同士のトラブルであることが分かります。

私はいつもネコが好きな人たちに囲まれていますが、私がネコの医者だと知っていて

わざわざ「ネコが嫌い」という人には何か訳があるのだろうと考えていました。「私はネコを可愛がる人を好きではないので、その人を助ける立場にあるあなたにも好感は持っていませんよ」という意思表示なのだろうと。

例えばキリンが嫌いだとわざわざ話す人がいるでしょうか。「テレビでキリンが出てくるとチャンネル変えちゃうのよ」なんて話は聞いたことがありません。人間から見て、ネコ以外の動物はあまり好きとか嫌いの対象とされないのです。

ある種の動物に対して、恐ろしい、臭いなどの負のイメージを持つとしても、「嫌い」という感情は普通は人間に対してしか向けられないのではないでしょうか。つまりネコを、特定の人を嫌う理由にしているのです。

ネコはこれまで1万年近く、人類と一緒に暮らしてきました。ネコは人類

クロアチアのドブロブニクの街中で自由にくつろぐネコたち

にとってかけがえのない存在です。そのことは歴史を見てもはっきりしています。ネコが身近にいることで、なんとか生きてこられた人も多かったでしょう。

そして人間は放っておけばお互いが憎しみ合うという、大きな欠点を持った生き物です。ですから、ネコが嫌いだという人に会ったなら、「大丈夫。私はあなたが好きですよ」と言ってあげたいと思います。そうすれば、人を支えてきたネコは、人と人をつなぐ平和の大使ともなるでしょう。

本来のネコの生き方

さて、この本をお読みいただいた方はもうお分かりだと思いますが、動物性タンパク質を食べなくてはならない肉食動物のネコが、本来の食べ物ではない炭水化物（糖質を含むキャットフード）を食べていることは、社会の常識でありながら、科学的には常識外れな現象なのです。

人類は1万年前、糖質を穀物から取るようになり、世界の人口は一気に増加し始めます。農業が始まると文明が生まれ、支配者が生まれました。糖質がピラミッドをつくり、万里の長城をつくり、人間の歴史をつくったと言っても過言ではありません。

一方、ネコは人間と暮らしながらも糖質とは縁のない暮らしを続けてきました。人間の食べない動物を食べることで共存してきたのです。人間との「契約」は、ネズミを捕る代わりに、子どもを産み育てる環境を提供されることだったのです。

そのような関係でネコと人とは1万年近くやってきたのですが、いつの間にかネコはネズミを捕らなくてもいいことになり、外のネコが自由に子どもを産むことが社会的に否定されるようになってしまいました。

ドブロブニクを訪れた著者にじゃれついてくるネコ

今こそ、ネコに何が起きているのか、ネコはどんな生き物なのかを考える必要があると思います。食性を奪われ、生殖も奪われ、カゴの中で卵を生み続ける鶏のように、ネコは生きることを強いられていくのでしょうか。そして、私たち人間も、どう生きることが生物として正しいのか、特に「便利」という言葉にどのような副作用があるのか考える必要があります。

ネコは生きるためにネズミを捕ります。そのネコに対して、「もうネズミを捕らなくていい」ということ自体が間違いだったのかもしれません。とはいえ、今の時代にネコにネズミを与えるわけにはいきません。しかし、「ネコは本来どういう生き物か」を考えた時、ネコの食事や環境には改善してあげられるところがありそうです。

ここに掲載した2枚の写真はクロアチアのドブロブニクで撮ったものです。現代のネコのユートピアとは、人間と一緒に快適な家に住み、自由に外出してネズミや鳥を追いかける生活なのかもしれません。ドブロブニクのネコたちは、本来の生き物としての特性を制約されることのない生活ができているように思えました。

私たちも、ネコと交わした「契約」を思い出すことで、人間とともに暮らすネコをより健康に幸せにしてあげられるような気がするのです。

キャットドクター　南部　美香

前回の書籍「ネコの真実」に引き続き
素晴らしいイラストを描いていただいた松實俊子さん、
キムラシュオリさんに心から感謝致します。

南部 美香　なんぶ・みか

1962年、東京に生まれる。獣医師。北里大学獣医学部卒業。厚生省（現厚生労働省）厚生技官を経て、千葉県岩井町（現南房総市）で動物病院を開業。94年米国カリフォルニア州アーバイン（当時。現在は移転）のネコ専門病院「T.H.E. CAT HOSPITAL」でネコに特化した医療を学ぶ。帰国後、東京・千駄ケ谷にネコの専門病院「キャットホスピタル」を開業する。主な著書は『ネコの真実』（中日新聞社）、『ネコともっと楽しく暮らす本』（三笠書房）、『愛するネコとの暮らし方』（講談社）、『痛快！ねこ学』（集英社インターナショナル）、『0才から2才のネコの育て方』（高橋書店）

ネコが長生きする処方箋　専門医が教える本当の健康と幸せ

2021年6月22日　第1刷発行

著　　者　南部　美香
発 行 者　岩岡　千景
発 行 所　東京新聞
〒100－8505　東京都千代田区内幸町2－1－4
中日新聞東京本社
電話〔編集〕03－6910－2521
　　〔営業〕03－6910－2527
FAX 03－3595－4831

イラスト　松實俊子　キムラシュオリ
ブックデザイン　クロックワークヴィレッジ
印刷・製本　株式会社シナノ パブリッシング プレス

ISBN978-4-8083-1059-2 C0045